對本書的讚言

「原型設計是設計師要去學習和融入實踐最重要的技能之一。當要將原型設計分解成可操作、可教學的架構時，沒有人比 Kathryn McElroy 更有資格。本書是每個設計師書架上重要的收藏。」

ABBY COVERT，SVA PRODUCTS OF DESIGN 教師

「原型設計是產品開發各階段的關鍵，從發覺使用者需求到測試更精煉的構想。本書提供了原型設計各方面深入的看法。設計師和創客應將本書隨時備在手邊作為參考，此外，我也推薦本書給產品經理和設計擁護者，以在其組織內推廣設計思想。」

CHRIS MILNE，CAPITAL ONE產品經理，

前IDEO資深設計師/原型設計師

「原型設計已變成開發產品和服務不可或缺的方法，重點聚焦在將會使用產品和服務的人們身上。Kathryn McElroy 已將原型設計的根本，分解成一個清楚、易懂的、可消化的方式，將可提升設計師的技能，即使非設計師也是。」

DOUG POWELL，IBM 卓越設計師

「要成為一名真正優秀的設計師，不僅要擁有願景，還在於讓他人看到願景，進而改變他們思考的方式。本書就是那個願景。Kathryn 讓讀者明白，原型設計不只是待辦清單中要確認完成的項目，更是讓你和你的設計能成長和成功的思維。請不要停止原型設計。」

BRENT ARNOLD，MOTIVATE (CITI BIKE)創意總監，
SVA PRODUCTS OF DESIGN兼任教授

原型設計
善用原型設計和使用者測試
創造成功產品

Prototyping for Designers
Developing the Best Digital and
Physical Products

Kathryn McElroy 著

王薌君 譯

O'REILLY®

深切懷念我的父親，他總是告訴我，
妳會有足夠時間去做對妳最重要的事
情。很高興我騰出時間寫了這本書，
但願您能在此讀它。

[目錄]

[推薦序]

說實話，我完全愛上這本書。我不知道有誰比我在原型的價值上有更忠誠堅定的信念（好吧，我想在這點上 Kathryn McElroy 是有的！），而且在我的專業設計實踐中和作為教育工作者的路上，我都恪守這一奉獻精神。

許多年前，我在康乃狄克州諾沃克市一家精品設計公司提供顧問服務，致力於為一家領頭牙刷製造商設想「下一代牙刷」。我們很高興得到這份工作，但是很顯然地，其他競爭者公司也從事類似地「第一階段」的研究；客戶正多方押寶：這不是太糟的策略，且很常見。相較於開一堆「腦力激盪會議」及討論我們可能要在何處「改革下一代口腔護理體驗」，我們團隊中的每個設計師反而是往模型店去。在當時，我們還沒有數位生產製造工具，因此我們創建的所有產品都由帶鋸機和桌鋸切割、在車床上加工、用簡易的接點和扣件黏合、釘住和捆綁在一起，當然用手自己建造出來。我們使用塑材、木材、金屬、或從其他刷子拆下來的刷毛（包含奇形怪狀的網狀材料和織物），真的，任何我們可以自己動手並賦予創造力的東西。最終我們做出了牙刷。許多的牙刷。

在客戶進行第一次審查前，我們只有幾週的時間，但當他們走進辦公室時，他們驚訝地發現這些顯然不在他們期望裡的東西：很長很長一排的實體原型（總共超過 100 個）排成一列，固定間隔放著一杯杯的消毒清潔液。是的，我們已經建構出所有這些四處拼湊而來的模型，並在不斷進行原型設計、迭代和改善（以及對它們消毒！）的過程中，實際使用每把牙刷、親自測試它們，我們也期待客戶一起測試。

這是我們有史以來所做出最令人興奮的簡報之一（介紹每個原型，分享我們在人體工學、功能、形式、合適度、顏色、質地、所有你想得到的各方面所得），所得到的回饋不能再更好了。我們也發現，「其他設計公司」向客戶展示了他們做好的光亮牙刷，是電腦

螢幕上會旋轉的動畫；他們沒有實際做出任何東西。（我想你已經可以猜出是誰獲得合約，得以進入到第二階段。）

我在紐約市視覺藝術學院創辦的設計研究生學程的第一年（Kathryn 是我們的首屆畢業生之一），我做了一張寫著「沒有原型，沒有會議」的海報。那張海報迄今還掛在那裡，並且已經成為系所教學的一種信念和訴求。我會寫這個口號，是因為經常我會走過一群在進行專案討論的學生，聚在一起…談論。就只是談論。他們試圖想到一個（絕妙的）想法，而不是對（能產生的）想法設法去產生出來。我會打斷他們，建議他們每個人都分頭「去做出什麼東西來」（即使只是半個小時也好），然後重新召集會議、就他們所做出的東西分享回饋。結果非常驚人：他們總是帶回非常多的想法、發明和新方向，他們的活力、好奇心和熱情高昂。他們很快樂。且他們一起走在製作真正有意義的作品的路上。

在 Prototyping for Designers 這本書中，Kathryn McElroy 提供了一堂關於原型價值的大師課程。除此之外她還做了許多。她不僅論證其價值，且提供我們討論所需的詞彙和各種原型的區分，依循著方法論和根本原因，以幫助我們運用它以達成其最大潛在影響。

而且她還做了一些我甚至不確定是否這是她原本期待的事情：隨著每一章說明越來越多細節也越來越具體，她巧妙地在術語和論點上進一步完善她的論點和建構其複雜性，反映了她在一開始的漂亮鋪陳。在某種程度上，當然，正如她所說的那樣，她正為我們設計她的故事的原型。

到本書結尾時，你將獲得一個全面性的、有說服力，且更重要的是，可去行動的設計資產。我可以保證，你明天將能立即使用從本書中學到的東西，而你將再也不會用同樣眼光來看待原型設計的作用。它將成為你思想中的一部分、你談話的語言、你的習慣以及你內心的興奮。聽起來像是一個很大的成果，但是這本書真的可以給出這樣的成果；終於，不再只是原型。呈現這本書給你。

ALLAN CHOCHINOV
FOUNDING CHAIR，MFA PRODUCTS OF DESIGN,
SCHOOL OF VISUAL ARTS；CORE77 合夥人
2016 年 11 月

[前言]

每天，都有數以百計的智慧產品與應用程式上市。在眾多的競爭中，你如何知道你的想法是具有影響力且會被消費者買單？若你熟知商業模式，你可能會做市場調查來開發一些可行方案；或是會與已有既定計畫的團隊合作，盡快做出最小可行產品（minimum viable product，MVP）。但你如何知道你的目標客戶會受益於你的新產品或 app？你又如何知道你的團隊正在尋求對的解決方案？

「原型設計與使用者測試」是做出有價值產品的最佳途徑。經由原型設計的過程，一次又一次的調適，最終能得到重要的回饋來改善你的產品。而藉由使用者測試，你可以匯集真實的人們，觀察他們對原型的反應；而不光是紙上談兵地相信你的直覺與假設。憑藉直接的交流，你更明白你的使用者會卡在哪裡、遇到什麼樣的問題、及其發自內心的真實反映。為符合最終使用者的需求，原型設計便是建立此良好體驗的關鍵。

本書藉由提供一些公司的原型設計最佳實務，與行之有效的流程範例，希望能為設計師提供基礎的原型設計知識。我也期望不只在原型設計，更能啟發你去建立「原型設計的習慣」，使你能從各種方面去測試你的構想，進而得到指引你向前的領悟。我鼓勵你能在你的團隊或公司裡，建立一個原型設計的文化。這樣的文化能讓你的團隊勇於嘗試、互相支持，並持續不斷地思考改善他們的點子。

或許你在學習的過程中已耗時費力，但怎樣也比不過切實的實踐更能精進你的技能。本書能幫助你在進行原型設計的初期省掉一些不需要耗費的氣力，並提供許多新方法來驗證你的假設與構想。

我為何要提筆寫此書

當我開始學習產品設計時，我都會告訴自己這就是「原型設計」。當時沒有專書或完整線上資源可參考，只有部分線上教程/教學與範例。從這些有限資源中，我發現「嘗試、建立、從中學習」是測試構想的最佳方法。過去，我迷迷糊糊地從做中學，緩步地從實驗所得的回饋，不斷地精進我的產品。過程中有時是痛苦的，但我也從失敗中學習了不少。

我的失敗經驗包括：原型在測試前損壞；或在使用者調查過程中損壞。從這些失敗經驗中，我學習到對於穿戴式裝置的原型，要達到相當的穩健性才能拿來給使用者測試。雖然我對待我的原型小心翼翼，但其他試用者並不會考量到它可能只是一個脆弱的初期原型，而是當成一般產品來使用。另在我的論文專案裡，我做了一些無效的原型，因此發現我必須在原型設計前，初期即決定好方向，以確保我的原型是適切且有效的。

我在本書中指出了一些最佳實務，希望能啟發你在一有新點子出現時，能立即去嘗試，並在真實使用者上測試。從做中學是沒有捷徑的，所以我會從最佳實務與眾多的原型設計範例中，引導陪伴你走在一條較舒適的學習路上。

從本書，你將學習到如何為**實體與數位產品**進行原型設計。所謂**實體產品**包含各式各樣的產品類別，但本書僅關注於使用實體運算（Physical computing）的個人電子用品（實體運算為「運用軟體與硬體，建立能感知或回應至類比世界的互動作用系統」），指的是嵌有感測器能記錄輸入和輸出的電子產品，像是一些智慧物件、穿戴式裝置及物聯網（見圖 P-1）。續本書所提到的實體產品不包含一般工業設計產品，其另有專精的原型範例。

圖 P-1
實體運算產品包括電子產品、智慧物件、穿戴式裝置和物聯網（照片由
Flickr 用戶 doctorow 提供）

本書所謂的數位產品，包含能搭載在有螢幕裝置的軟體和 app，
像是智慧型手機、網站、網頁、平板、電腦軟體及企業應用軟體
（見圖 P-2）。並能運用在不同平台上，從 iPhone 到 Android，從
Windows PC 到 Mac。這些數位產品可以是獨立運作，或是能成為
一整合實體與數位原型設計流程的控制平台。

圖 P-2

數位產品包括 app、網站，電腦軟體和企業應用軟體（照片由維基媒體用戶 Kelluvuus 提供）

若設計師具有連結數位與實體世界的能力，這兩個領域便能匯合並創造出複合式的產品體驗。本書能擴展你的視角，並幫助你同時思考兩種型態的產品。普及計算（Ubiquitous computing），意指網絡內的智慧物件可彼此連結且連結到網路上，正引領一股將微處理器嵌在各種產品上的潮流。它使物件彼此能對話，並運用感測器和個體資料的不同來運算，體現出有差異化的個人體驗。換句話說，這就是*物聯網*——每件事都有感測器來傳遞資料給智慧物件或給某中央平台來運用。

討論如何連結分散式的電子產品世界與使用者中心的原型設計是有意義的，畢竟其原型設計的流程相似，且具高價值。我之所以撰寫本書，乃基於我具建構智慧型物件、穿戴式電子產品及在 IBM 設計企業應用軟體之經歷。藉由結合這兩種不同領域，你將能稍踏出你的舒適圈，並嘗試實作一些新型態的原型設計。

本書適用對象

任何企盼於改善設計流程的讀者，皆為本書適用對象。尤適於剛入門或有一定經驗的設計師，亦或欲轉職產品設計的人員。（無論實體或軟體產品）

當然，本書也可應用在下述情境：你可能正擁有一個好想法，準備在投入過多時間和金錢前或賣掉它前，希望有個方法能評估它；也許你是個產品設計師，正要進行原型設計，但不知道如何將它連結到你現有的工作流程或是敏捷開發團隊中；又或是你可能對使用者測試有興趣，希望能藉助評測的結果說服你的生意夥伴。

原型設計是另一種形式的持續學習。如果你運用在學習產品設計一樣的精進精神，敞開心胸、保持企盼提升自己技能的渴望，將能從本書獲益最多。

本書將幫助你建構可執行的技巧，但不包含特定軟體的作法，若你在尋找特定軟體的教程，網路上有許多開放資源可參考。軟體更迭快速，通常教科書印刷出版之時，已有過時之虞！本書提供你一個良好的原型設計基礎，讓你有能力實踐在任何可運用的軟體上，像是 Adobe Illustrator、Photoshop、Sketch、InVision 或 Axure。

本書編排方式

第一章說明何為原型，並搭配不同產業的範例。也會討論產品設計，包含敏捷專案管理方法論。

第二章說明為何要進行原型設計，進行原型設計有三大重要理由：為了理解、為了溝通、為了倡導，不光只是測試構想而已。我將解釋每個理由，及各個理由對原型設計的影響。

第三章說明保真度。從低度到高度保真度；及保真度的五大面向（視覺、寬度、深度、互動性及資料模型）。包含了許多實體和數位產品的範例，讀者可藉此培養選擇保真度等級的良好直覺。本章隨時可作為你在原型保真度上的參考。

第四章說明原型設計流程，我會從最小可行原型的通則步驟起頭，帶領你瞭解不同情境下的三種流程：以探索為核心的流程、以使用者為核心的流程、以假設為核心的流程。在此，以線上手作市集網頁 Etsy 為案例，說明流程的實際運作，以及原型設計對專案產出的好處

第五章主題為數位產品的原型設計，像是軟體、app 和企業應用程式。我會說明軟體設計的獨特部分，像是動畫、互動設計、無障礙設計等，從低保真度到高保真度的最佳實務，讓你可以運用在任何原型設計軟體上。結尾以 IBM 行動創新實驗室的 Stadium 專案進行個案探討，此複雜專案進行了 iPhone、iPad 和大型螢幕的設計，在其上體現了美式足球比賽的虛擬實境。

第六章主題為實體運算專案，包含了實體原型的特殊要素：物料、電子學和程式碼。帶著你看從低保真度的電路圖，到高保真度測試單元的照片與範例。結尾則探討設計公司 Richard Clarkson Studio 的原型設計案例，看看他們是如何將想法進行原型設計，進而改善既有產品或開發新產品。

第七章教導你如何對原型進行使用者測試，以得到有效見解。帶領你如何撰寫一個調查計畫，並提供範例供你參照。也會討論從如何找尋使用者，如何進行調查，到最終彙整調查結果，以找尋待改善之處。

第八章整合上述，以 IBM 行動創新實驗室為 SXSW 藝術節所開發的「個人化啤酒推薦」專案為個案探討。從開發流程到實體介面（運用視覺識別科技的互動式吧台）的測試、侍酒師 iPad app 和螢幕動畫視覺設計。

第九章總結本書重點，期許你著手去挑戰設計出你手邊的點子和專案原型。

總結來說，你將從本書瞭解如何創造出你所需保真度下的正確原型，你也將知道如何運用使用者測試來得到改善產品的回饋。以此期盼能帶給你力量，勇敢邁出原型設計的下一步！

致謝

感謝我的家庭、朋友、同事及所有對本書有貢獻的人員,若沒有你們的全力支持,本書將無法完成。最首要感謝的是我的先生,不僅忍受我瘋狂的寫稿時間和成堆的便利貼,還不斷地鼓勵我完成本書。也感謝我父母的養育,使我能勇於冒險,且有機會在此分享我的才能。本書是我的一個小小回饋。

感謝 Allan Chochinov 和 MFA Products of Design program 的師長所提供的環境和機會,讓我能從失敗中學習,從不斷嘗試和錯誤經驗中學習原型設計。

感謝歐萊禮的編輯 Angela Rufino 無限的支持、Mary Treseler 和 Nick Lombardi 給予我出版本書的機會,讓我有機會觸及那些我未曾想過的讀者們。

感謝那些每天在 IBM 啟發我的同事們的堅定情誼。感謝下述同事們 Aaron Kettle、Aide Gutierrez-Gonzalez、Sushi Sutasirisap、Greg Effrein 和 Paul Roth 所提供的案例、故事和圖片。

感 謝 Randy Hunt、Alex Wright、Chris Milne 和 Lisa Woods 與我對談和訪談中所貢獻的想法和原型設計流程經驗分享。感謝 Richard、Erin Clarkson 和 Kuan Luo 對其工作案例的分享。

[1]

何謂原型（Prototype）?

在本章中，我將分享關於現今對於原型的定義，以及如何在日常工作中進行原型設計。

萬物皆為原型

你所做的每件事物或所從事的任何活動，都可以得到改善。嚴格來說，沒有所謂的完成，所有產品都是在有限時間內的最後產出。即使你對所提供給使用者的產品感到滿意，你的使用者使用後必有其回饋，而這些回饋即為你調整產品和進版的基礎。且不管你測試原型再多次，你永遠都能找到一些新靈感，來改善你的產品。

在牛津詞典裡對原型的定義是：「所開發或所複製出的第一個、具代表性的或初步的模型，特別是指用在機器上的」[1]。原型這個詞起源於希臘語 *prōtotupos*，意為「第一個樣例」，也就是說，任何源於你腦海中的想法，而你將它實現出來，都可以說是原型。但這個定義缺少了一個關鍵的要素，這個關鍵要素為測試和不斷改善。所以在此我們給原型一個新的定義：原型，是一個能將想法表現出來，讓你傳達給他人，或能將此想法進行使用者測試，並意圖會隨著時間推移進行改善。若你期待一個更具體的原型定義，本書仍然對你有幫助，然而，我期待你能對原型的可能性保持開放的態度，以及能將此廣義的原型設計思維，融入你工作和生活的各個方面。

1　原型的定義摘自 2016 年 3 月 9 日線上牛津詞典，*https://en.oxforddictionaries.com/definition/us/prototype*。

這個廣泛的定義能讓你去思考，如何將你生活中的每一個想法都去進行原型設計。就像你在搬進新房子之前，你所勾勒出的平面設計圖；或是你為了在最終確定如何佈置客廳之前，所嘗試的幾種不同的家具配置設計草圖（圖 1-1）。你可能會寫下一篇食譜配方來嘗試，並依據成品的味道來調整配方內容。或是你寫下與別人溝通的目標，以便於在工作推展時，能時時提醒自己並適時依狀況調整你的目標。即使是本書也只是一個原型而已，因為本書出版之後，許多技術和原型設計方法也都推陳出新了。但本書的下個版本必將基於讀者回饋和出現的新案例而有所更新。上述所提到每一個範例，都是先去建立一個想法的雛形，並在其上去進行任一形式的測試和改進。

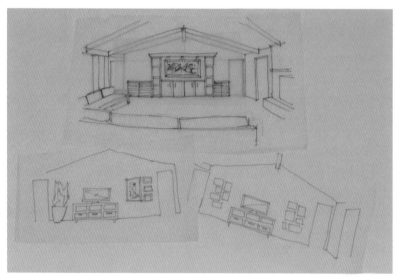

圖 1-1
繪製出的各種家具佈置圖作為房屋裝飾的原型

你周遭的每個人會對「原型」有自己先入為主的定義。即使是你，也會對原型必須是怎樣有個基本框架。如果是開發人員，可能認為原型必須是把程式碼寫出來，且最終此程式碼將作為生產所用。而如果是設計師，可能會認為原型是運用設計工具 InVision 或 Sketch 所模擬出來的可動態點擊的模型。又或是業務相關人

員，可能認為原型是一個功能完備的概念證明（proof of concept，POC），已準備好可由銷售團隊向客戶演示。上述每一個關於原型的想法都是對的，但卻是較侷限的觀點。原則上來說，原型可以只是行為或經驗的模擬，不一定需要有形的實例。

經驗豐富的設計師，採用更廣泛的看法來定義什麼是原型。網路商店平台 Etsy 的設計副總 Randy Hunt，在了解電影佈景製作團隊嘗試把不同物件擺在電影場景中的「試鏡」後，將原型以此比擬。透過「試鏡」，可以在電影開拍前，查看場景及場景中的物件可能在影片中的樣子，並測試演員與其互動的狀況。因此，你可以巧妙地把你的產品想成是使用者生活中的演員。其會先嘗試用一些不同的演出類型和風格，再來決定適合的場景（你將要設計的）。（圖1-2）。

圖 1-2
佈置一個場景，是用來「試鏡」不同物件在該情境裡的樣子的方法之一（圖片由 Flickr 用戶 prayitnophotography 提供）

設計公司 IDEO 的原型設計師 Chris Milne 稱原型就像是一場訪談，你的構想及其應用要讓人印象深刻，或是原型的功能要讓人操作時眼前一亮。透過原型設計，讓你自己的想法與使用者互動，並

從互動撞擊出的火花中學習。你從這些火花中所獲取的資訊，能用來設計出下一個更好的樣品，好讓你的使用者再次試用。這個廣泛的觀點將激勵你去改善你可控制的部分，像是產品設計、介面、體驗和感覺，最後能讓使用者找到適合他們需求的。你可能無法控制使用者如何使用你的產品，像是要在繁忙的人行道上使用或在安靜的家中使用，但是你會想創造一個他們直覺就想使用的產品。

這個廣泛的定義，讓我們能應用原型設計在產品開發的各個階段上，擴大了原型的範圍。範圍（scope）是指「與之相關或所涉及的某區域或某主體範圍的事物」[2]。一旦你擴大原型設計的範圍，同時也創造了更多機會進行測試以得到回饋。在以前，每個產品開發階段，都有其具體要求的原型類型。然而現在在選擇適合當前情況的原型之前，你應該要考慮原型設計的各個面向。當你的原型設計接近使用者測試階段時，永遠要記得你的團隊夥伴和利害關係者對這一過程的期望，並做好準備，說明為何你在每個階段分別用不同的方式進行原型設計。在整個原型設計流程中，你將需要不只一次地成為此主張的擁護者。本書能幫助你建立起身捍衛原型設計價值的信心。

「什麼是原型」往往是設計師不斷爭論的主題之一，主要爭論點在於認定原型是否必須可互動或可僅為一個靜態想法。一些設計師認為原型是指所有可測試的及可以改進的想法，而另一些設計師則認為原型必須是一個可互動版本（圖 1-3）。這兩種觀點都有其道理，但後者限制了你對想法進行測試的可能性。相對的，如果你選擇了前者，無論互動或靜態的想法都視為原型，且運用各種方法去測試你的假設，則能發展出「漸進改善、持續回饋」的思維方式，此將大大地有益於你的產品。

2　範圍的定義摘自 2016 年 3 月 10 日線上牛津詞典，*https://en.oxforddictionaries.com/definition/scope*

圖 1-3

靜態與互動式原型

原型設計是一種思維方式

原型設計不是你在完成專案的過程中，要勾選完成的待辦事項。這是一種思維方式，你可以自在地測試未完成的想法，以便獲得最佳結果。這是一種欣然接受未知，並經常地、及早地去測試想法的思維。一開始你可能會感到不舒服，因為你要去展示未完成、可能不太好看的雛形。我能了解你的感受。當初我開始測試早期原型時，我覺得我的作品可能會被批評，或被認為不適合與使用者互動。當要求使用者要努力完成我為他們設定的任務時，我會感到畏縮。

展示未完成的作品可能會讓人覺得它違背你的自我要求，很自然的，你會希望展示已完成、琢磨過、完美的設計。要取得成功，你必須學習讓自己能接受缺失，並樂於接受回饋。當你開始獲得更多回饋並將其納入設計時，將可看到此造就的長期利益，即最終專案的成功。不久，你會渴望得到使用者和同事的回饋。未完成的作品將掛在你的工作區中，隨時可有即興對話和正式討論會議。每個與你作品的互動結果，都將改善和強化你的想法和設計。

為了充分運用原型設計，你必須將其整合到流程的各個階段，並不斷尋求回饋。向你的業務相關人員展示作品的使用流程，獲取他們的看法觀點。與你的同事分享線框圖或電路圖，以獲得他們對設計的評論。提供低保真原型到高保真原型給終端使用者，來測試可用性。一切都可以原型化，所有事物都是原型。永遠都有一個更好的、改進的版本可以去創建，只是需要時間去實踐。

當你不斷進行這樣的練習後，會越能接受這種思維方式，就更有可能帶領你的團隊進行原型設計。而當你的團隊經歷過原型設計，並得到測試結果後，他們將更有可能壓縮時程，創造出為這種做法所需保留的時間。很快地，你的業務合作夥伴和開發人員將會想查看和體驗你的原型，並期望它成為專案流程的一部分。你的原型設計和調查結果，甚至可以幫助去團隊規劃產品的開發時程，並確定未來功能開發的優先順序。隨著你的原型設計能力變得更好，且能快速開發原型，你就能很快進行更多輪的測試，以確保你的使用者能夠獲得最佳產品。

原型範例

不管是哪種產業，都會去開發他們作品的原型，用來測試並逐步改進。我將在本書討論兩個類似的例子，和兩個主要產業。在產品完成之前，藉由創造初期雛形，來進行精煉和改善，原型可以使任何行業和領域受益。

建築

建築師必須開發複雜的系統，包括建築專案（此建築用於什麼）、循環系統、結構完整性、材料選擇、加熱和冷卻系統、機械和電氣系統、管道和氣流。他們透過繪圖、建模和測試，一步步改善這些系統，來設計整體的建築實踐。他們的原型包括了樓層平面圖（根據使用者輸入和需求，進行繪製和重新繪製）、氣流模型（透過展示空氣如何在房間中移動，來測試整個空間的通風狀況）、日照模型（透過測試一天中或一年中的光線照射狀況，來改善窗戶設計）、材料研究和美學模型（圖 1-4）。還有更複雜的模型，像是

「模擬空間漫遊」，在螢幕畫面上和虛擬現實中，來測試室內呈現的感覺和空間體驗。一家挪威的建築公司，甚至還開發了一個全視角的樓面圖，使客戶能夠體驗走進該模擬空間，了解佈局和空間的動線。[3]

這些原型每一個都具有其特定用途，藉由測試這些模型來改善建築。使用原型，讓建築師在各個階段，能與客戶溝通設計決策，獲得其同意，也能向承包商和工程師傳達最終規格，以便他們在現場進行建構。我對建築與產品設計相關性的親身體會，乃源於我的建築學士學位。在學期間我學習了如何創建模型和簡報，來溝通我建築或空間設計的意圖。當我繪製數位產品的藍圖，並建構可與人們互動的電子產品時，我的大部分建築學科訓練都派上了用場。

圖 1-4
建築師製作的模型和原型，可用來測試樓層平面圖、氣流、日照、和材料
（圖片由 Flickr 用戶 eager 提供）

3　Kurt Kohlstedt,「一對一：全規模樓層平面圖幫助建築師帶領客戶看設計」, 99% Invisible, *http://bit.ly/2gQ9163*.

工業設計

工業設計師在製作大量原型上，擁有豐富的實踐經驗。當設計產品新形狀和樣式的過程中，他們會一路不斷測試，以確保其設計符合人體工學且易於使用，他們設計的樣式也必須考慮可製造性（圖1-5）。他們會用草圖和實體模型兩種不同方式去設計產品。

圖 1-5

OXO 直式蔬果削皮器的外觀模型（圖片由 OXO 提供）

他們的一些原型包括大量的草圖、泡沫模型、材料研究、美學模型、縮放模型和最終外觀（圖 1-6）。一旦他們確定了基礎樣式，他們就會選用適當的材料製作它，並在最終確定並準備製造之前，使用特定學術標準去測試它的材料壽命和是否符合人體工學。在決定最終生產形式之前，工業設計師將大部分時間用於原型設計和測試他們的想法。然後，他們使用原型將最終設計決策傳達給製造商。原型是工業設計流程中非常重要的部分。

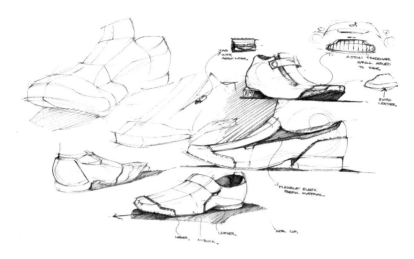

圖 1-6

工業設計師在選擇最適當、最終的使用案例外觀樣式前，大量地進行草圖和原型製作（圖片由 Flickr user Kirby 提供）

個人電子產品

在開發個人電子產品（工業設計的一部分）時，設計師從草圖和外觀樣式研究開始。此外，他們還需處理多層次的複雜性，包括選擇和測試必要的電子零件，並將它們組合在一起，直到整個系統能運作。他們對使用哪些零件所做出的決定，對最終裝置的外觀樣式和電路佈局有很大的影響。

為達到目的，他們將系統拆分為多個可測試的部分，首先使用較大的電子零件建構原型，然後慢慢將它們組合在一起，再加上程式碼運作，最終整合成具備完整功能的原型（圖 1-7）。直到零件整合順利後，這些設計師才開始使用較小版本的零件，及最終設置，讓使用者進行測試（圖 1-8）。這種類型的產品設計需要進行材料測試，並同步對要搭載的 app 進行原型設計，始能控制裝置。我們將在第六章中，深入研究電子產品的原型設計製作流程。

圖 1-7
個人電子產品和穿戴式產品，需要精密的原型來測試零件、互動性和最終所使用的材料

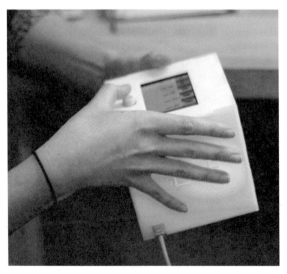

圖 1-8
一旦組裝好各個零部件，可以用更複雜的原型，來進行使用者互動測試

軟體和應用程式 app

軟體設計師，用原型來思考使用者與複雜的介面互動。這些原型包括：使用者流程，以顯示理想的使用者路徑，並確定使用者需要的功能；可測試形式下的線框（不管是紙上的或可點擊的）；程式原型；和已包含視覺設計的高保真原型（圖 1-9）

初期，設計師會探索如何用各種不同方式去解決一個問題，再與使用者一起測試，以決定繼續往下走的理想路徑。過程中的每一個原型都越變越好，使設計師在整個流程中，能根據測試結果，全面性改善軟體與使用者的互動性。

每個軟體原型都有其特定的用途，和它所想要去測試的假設或問題。在開發初期，原型的目標放在大方向的問題，像是如何組織一資訊架構（軟體和網站的架構設計和組織）、整體使用者流程，以及產品的形式。在開發後期，原型會更精確，以測試特定元素，如樣式、互動模式和 UI 文字。設計師使用原型來溝通互動性，並用此與開發團隊溝通產品功能與使用者行為，使他們能依此實現（或執行）程式開發。讓開發團隊看到動畫和高保真視覺效果的原型，有助於開發人員提供有關可行性的回饋、定義其工作範圍，使最後能交付最終產品。

圖 1-9

數位軟體和 app 需要初始紙上草稿原型、可點擊原型和高保真度原型來開發複雜的互動設計（圖片由 Flickr 用戶 Johan Larsson 提供）

為產品進行原型設計

到目前為止，許多原型範例都是產品開發的一種形式，但除了發明一種新東西以出售外，還有更多內涵。產品開發包含許多將新產品、服務或體驗推向市場的子流程，包括業務戰略、市場調查、價值主張、技術規格、銷售、設計和開發（圖 1-10）

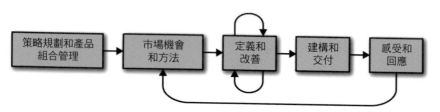

圖 1-10
產品開發流程

我強烈建議在初期討論策略時，即邀請設計團隊一起。設計團隊對目標客戶的使用者調查，可以讓業務相關人員制訂更好的產品策略（如何解決需求和功能的優先順序）和 roadmap（未來執行其他改善的計畫）。有關企業策略的更多資訊，請查看 Jaime Levy 的 *UX Strategy* 或 *Lean Startup* 系列叢書（O'Reilly）。

如果能按照上面的建議，將能迎來滿意的客戶。但往往在公司實際運作中，初始階段和市場研究僅由業務相關人員或工程師執行。設計師僅參與開發週期的一小部分，且被排除在許多基礎決定外。

如果現在你公司的業務相關人員，沒有邀請設計師參加策略討論，你要如何爭取參加？最好的方式是在不被要求的情況下，展示這些設計調查所帶來的好處。業務相關人員可能不了解使用者調查和原型設計的價值，因此他們也不會去提及這些他們不懂的領域。

所以，請嘗試將調查結果納入你的定期報告中。主動提供問題的見解及如何解決問題的建議，你能因此創造正向的動力，而不是創造阻礙（圖 1-11）不要只擋在團隊前進的路上說不，而是提供使用者中心的真實考量，幫助團隊往正確的方向前進。

一旦你的業務和開發團隊，看到你的調查見解和建議的價值，往後他們將會在開發流程的初期即要求你提出相關建議，並使用它來進行產品決策。這是一個緩慢的改變過程，但是當你投入在一家你熱愛的公司時，一切將十分值得。

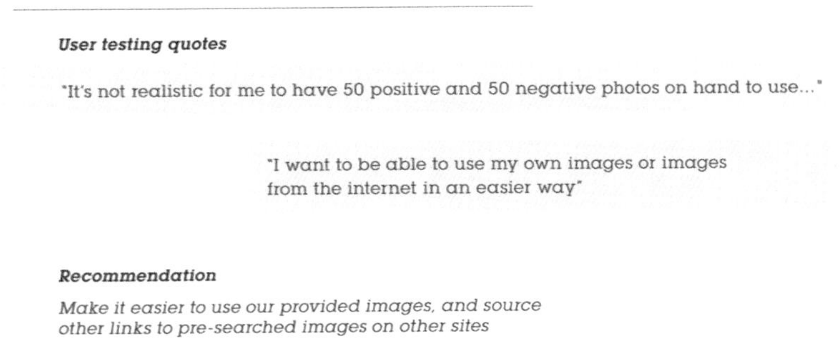

User testing quotes

"It's not realistic for me to have 50 positive and 50 negative photos on hand to use..."

"I want to be able to use my own images or images from the internet in an easier way"

Recommendation

Make it easier to use our provided images, and source other links to pre-searched images on other sites

圖 1-11
發表你的調查見解，並提出下一步的建議

藉由採訪理想使用者並讓他們測試高保真原型，設計師可以提供最能解決使用者問題的產品開發方向給業務相關人員。也能將其與敏捷開發流程整合，與數位產品的程式開發人員或工業設計人員（定義製造規格）密切合作。敏捷開發要求團隊快速作業、測試想法（透過各種形式的原型或 MVP）、並在改進產品時快速失敗或快速學習（在本章末尾閱讀更多關於敏捷的內容）。

舉例來說，我所進行的 API（開發人員的應用程式介面）是用一個特定的方式來客製並調整其輸出。在測試了幾個不同的介面之後，我們從許多使用者那裡得知，他們不明白為什麼必須用特定的方式去調整。他們想要一種更易使用、更簡單的方法去調整 API 輸出。當我們與建構演算法的工程團隊分享這些回饋時，他們在三個月後發行了新版本，改變了該 API 的調整方法以符合使用者需求。由於更新的調整方式，眾多開發人員均表示很滿意，因為他們能夠更快、更輕鬆地調整他們的特定輸出。因此，我們的付費使用者在新版本發行的下個月增加了三倍。

這樣的產品開發架構和原型設計過程，已經被無數大型的著名企業、設計師和成功的新創公司驗證過。一個經典的例子是 Charles 和 Ray Eames 為他們的每個設計創建的大量原型（圖 1-12）。他們運用不同方法、測試了數種材料，來找到符合人體工學、適合製造和表面處理。他們相信每個人心中都有張夢想的椅子，但只有透過努力將這個想法原型化，才能真正實現該夢想。

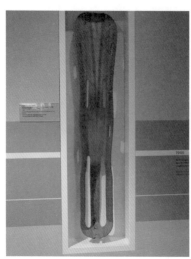

圖 1-12

Charles and Ray Eames 創造了各式各樣的原型作品，用以探索合板的曲度（照片由 Flickr 用戶 RenéSpitz 和 Hiart 分別提供）

關於敏捷（Agile）

對軟體開發而言，敏捷是一種持續交付和積極協作的專案管理方法。它的基礎信念在於以下價值：

- 個人與互動　重於　流程與工具
- 可用的軟體　重於　詳盡的文件
- 與客戶合作　重於　合約協商
- 回應變化　重於　遵循計畫

在許多地方，敏捷與一種較傳統的「瀑布（waterfall）式」專案管理方法有所不同。「瀑布」更加線性，各步驟都有其特定的順序，且每個步驟都要交付其產出才能到下個步驟。規劃階段必須完成才能開始設計；設計必須完成才能交給開發人員去執行。

敏捷是一種更加迭代、以團隊為基礎的開發方法，運用具時間限制的「衝刺（sprints）」，在較短的時間內交付完整功能的元件。團隊從產品的 MVP 開始，先提供一功能可運作的版本，然後在下一個衝刺中添加下一層功能（feature）來改善產品。每個衝刺都會設定幾週的時間區間，在每個衝刺結束時，交付成果並進行討論。衝刺讓工作更靈活，根據測試結果或技術限制進行調整，或根據市場反應重新安排新功能的開發優先順序。

這兩種專案管理方法各有其優缺點，但大多數軟體開發團隊採用偏向敏捷的方法，以便他們能夠快速迭代和改進他們的產品，無需因變更重新制定長期計畫。敏捷還採用了一些「rituals」或所謂「ceremonies」來幫助團隊快速行動，包括「衝刺計畫（Sprint planning）」、「每日站立（daily stand-up）」、評論（reviews）和回顧（retrospectives）。衝刺計畫和每日站立（團隊成員報告他們前一天做了什麼以及他們今天預計要做什麼的短暫會議）能使團隊資訊一致，以便每個成員知道彼此在任一天的工作內容，以及他們的目標是否在衝刺結束時完成。在衝刺結束時，團隊會檢討已完成的工作，並回顧看看是否有下一個衝刺可以改善的地方。

那麼，如何套用原型設計在敏捷流程裡？設計人員將他們的工作分拆成可在特定衝刺期間完成的部分，例如創建線框、製作原型、測試原型或完成高保真視覺設計。以我的團隊為例，我嘗試在開發之前先進行衝刺，目標是創建和測試我的設計，接下來在下一個衝刺中由開發人員將設計進行程式撰寫。你的設計衝刺中應該包括原型設計和測試，當你的團隊進行衝刺規劃時，請確保將其作為一任務目標。因此團隊在規劃設計任務時，應包含原型設計。如果原型設計還沒有出現在衝刺計畫中，請努力去促成計畫更新。

若想要了解更多運用敏捷方法進行使用者體驗設計的實務，請查看以下：

- Doing UX in an Agile World: Case Study Findings（暫譯：在敏捷世界裡執行 UX：個案研究結果）（*https://www. nngroup.com/articles/ doing-ux-agile-world/*）

- 12 Best Practices for UX in an Agile Environment（暫譯：敏捷環境中的 12 個 UX 最佳案例）（*https://articles.uie.com/best_practices/* 和 *https://articles.uie.com/ best_practices_part2/*）

重點整理

原型設計是一種持續學習的思維方式，你及你的團隊都需要一起培養。原型可以是你腦海中的任一想法，並將其可視化、或能讓使用者進行測試。只要你有意改善你的原型，你正建構的方向就不太會走錯。原型設計和測試是許多領域的常見做法，包括建築、工業設計、個人電子產品設計和軟體設計。

透過原型設計，能確保你解決正確的問題，並預見市場的可行性，從而有益於產品開發。產品開發週期的各階段，都可以從原型設計和設計人員的輸入中受益。但可能需要你多付出一些努力，才能讓你的設計師觀點，在開發流程的初期階段，被業務相關人員重視。長遠來看，對於產品的開發，除了市調數字結果，以使用者為中心的資訊是很有價值的。

[2]

進行原型設計的理由

有很多很好的理由能說明原型設計的好處，並說服你把它融入開發流程中，以下我將說明四大理由：理解、溝通、測試與改善，以及倡導。這些要點看起來相似，但它們各自有其獨特的不同觀點，能去解釋為什麼原型很有價值，以及為什麼要將原型包含在設計過程的不同階段。

為了理解

原型設計是找到問題的好方法，除了讓你了解當前要解決的問題，還可以引導你去發現其他你更應該解決的問題。此過程稱為**問題發現**（*problem discovery*）。它可以幫助你找到讓使用者痛苦的根本原因，你可能會發現這與你最初假設的使用者問題不同。你能愈早去透過探索性研究和原型設計去發現問題是愈好的，因為一旦開發投入越多，改變方向的難度和成本（時間和金錢）越高（圖2-1）。如果能越早發現，並做出改變，越容易讓產品走在正確的方向上。

圖 2-1
問題發現和探索性研
究可以幫助專案定義
其方向

舉例來說，賽格威（Segway）從行人步行和駕車之間看到了一個
機會，但沒有花足夠的時間研究和驗證他們的問題空間（problem
space）（圖 2-2）。他們決定直接用一個直截了當的方案來解決問題，
但是當它進入市場時，才發現他們已經做了太多不正確的假設，包
括：能進入公共設施、不下雨的天氣、不需要多個乘客、這樣價格的
可行性。如果他們曾經對實際使用者進行初步調查和原型設計，那麼
他們可能會轉向其替代問題，出色地正中解決方法核心。

圖 2-2
賽格威（Segway）未能儘早驗證消費者問題以修改其產品設計

替代解決方案

除了理解問題之外，你還可以透過繪圖和原型設計，去探索和了解是否有更多不同的方法可以解決問題。若你只考慮單一解決方案，很容易陷入困境。你應該在初期嘗盡各種可能的變化，而不是堅持你的第一個初始想法（圖 2-3）。最佳的探索方式是快速製作各種不同方法的原型，來確認是否解決使用者的問題。之後，你可以執行任務的測試或 A／B 測試，以比較同樣互動但不同的兩個或更多版本，查看哪個表現較好。讓使用者與你的想法互動，將可了解你現在的解決方案或對問題的定義，能否得到使用者支持。你可以因此更自信地推動你的想法和方向的選擇。

圖 2-3
探索不同方法來解決問題

例如，如圖 2-4 所示，數位產品上的導覽系統有不同排版方式。以手機 app 來說，可以將其放入在螢幕頂端或底部的主選單列，或隱藏在漢堡選單（hamburger menu）中（指一種隱藏式選單樣式，使用三條水平線的圖示，點擊時會展開選單細項）。或者，你可以將其顯示在螢幕上方並讓它能捲動，或將其固定在一處作為固定導覽列（sticky nav）（一個永久性或固定導覽列，即使在捲動時，仍持

續顯示在螢幕上方）。你或許認為漢堡選單是此產品排版的最佳方式，但你產品的使用者可能不會去打開選單，因而永遠找不到其內的選項。雖然你可能具良好直覺知道該往哪個方向前進，但請嘗試讓使用者測試不同的方案，看看你的使用者是否有其直覺的方法來瀏覽你的 app。

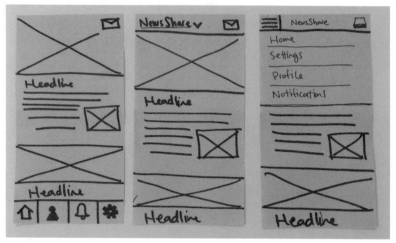

圖 2-4
透過測試幾種不同的導覽方式，你可去決定哪種樣式最適合你的使用者

了解策略

你可以使用原型設計來了解你的產品策略（如第一章所述），透過競爭形勢、產品組合的方向、以及使用者目的。任何可將你的業務方向轉化為有形物件來分享、討論、改進的產物，都將有助於定義你的產品。例如精實商業圖／畫布（Lean Business Canvas）（圖 2-5）將幫助你羅列出你的策略的各面向，從中找出哪些將需要你去測試的風險、問題和假設。畫布是一個空白表單，藉由了解你的產品及其將要銷售的市場，可幫助你建構出商業模式。在畫布上填寫你正在解決的問題、解決方案、成本結構、獨特的價值主張和關鍵指標，來了解產品面。然後，加上優勢、客戶分類、收益流和接觸客戶的通路來了解市場面。這一文件可用來溝通你的策略，或用

來了解你的產品經理訂定的產品方向策略。如需更深入地了解精實商業圖 / 畫布，請查看 Ash Maurya（歐萊禮）的《精實執行》這本書。

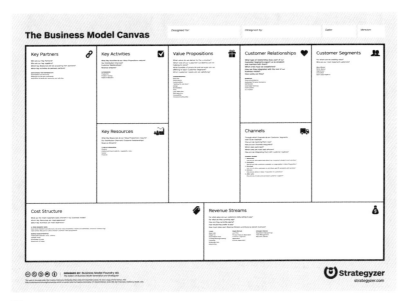

圖 2-5

精實商業圖 / 畫布能協助你理出新產品構想其風險的優先順序（image courtesy of Wikimedia user Business Model Alchemist）

你可以定義和測試一個較長期的產品路線圖 / 藍圖（Roadmap），以了解每次軟體發行或實體產品上市內容。Roadmap 用分段、重點排列的區塊來描述來年 / 下一年工作（圖 2-6）。你可以從中了解你下一步應該做什麼，以及未來工作事項的順序。它有助於整個團隊聚焦於長期目標，並能夠隨時驗證設計是否在對的方向。Roadmap 不是一個不能更新的文件，反而需要經常重新審視，根據工作和使用者的回饋，來更新和重新確認優先順序。請記得不時花點時間查看專案的短期和長期方向。

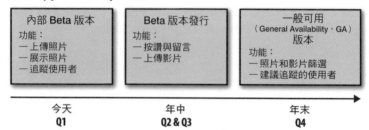

圖 2-6

商業路線圖／藍圖描繪了未來 6 到 12 個月，專案未來發展的優先順序步驟

了解使用者流程

開發流程較後期，原型可幫助你了解整個使用者流程，以及每個步驟所需的設計內容。他們將幫助你定義使用者體驗（UX），並設計適當的使用者介面（UI），包括互動元素和內容。當繪出細節時，你將會有新的設計發現，並徹底思考使用者為了完成目標之所需。「了解」是原型設計流程的基礎，在專案的任何階段都很重要。

使用者中心設計（USER-CENTERED DESIGN）

在本書，你將發現我會不斷地提到「使用者」。使用者中心設計是「設計一個工具的流程，以使用者自行理解和使用產品的角度…而不是要求使用者調整他們的心態和行為，去學習和使用一系統。」[1] 開發有價值產品的最好方法，首先是透過調查初步了解你的使用者是誰，並想辦法讓這些潛在客戶使用並測試各開發階段的原型，來獲取他們的回饋。我將在第四章說明此原型設計流程，並在第七章中說明測試流程。

1　"Introduction to User-Centered Design（使用者中心設計簡介），" Usability First 網站，於 2016 年 3 月 9 日訪問，*http://www.usabilityfirst.com/about-usability/introduction-to-user-centered-design/*.

使用者中心設計的第一步，是要徹底的了解你的使用者。究竟哪些特定使用者或客戶將與你的產品互動或購買你的產品？如果你的回答是「所有人」或「我自己」，那麼你最大的問題，就是你的產品不打算與市場上的任何人溝通。當你對此問題回答很籠統或根本沒有回答時，你會很快發現，使用者可以辨別出你的產品不是為他們所設計的。即使你自己是產品的潛在使用者，你也不是唯一會與產品互動的那一類人，更何況其他使用者，跟你並不完全有相同的心智模型或思維過程。獲得他人的觀點對你的專案來說，是至關重要的，特別是當你長時間投入，且不再意識到自己有所偏誤時。

要了解你的理想使用者，你需要設身處地從他們的角度出發；從與他們直接交談，去了解他們的習慣、喜歡和不喜歡的事物開始。人口統計（Demographic）資訊可能會有幫助，但可能會使你的理解受到假設和無意識下的偏見所影響。這些資訊通常包括年齡範圍、經濟狀況、收入程度和教育程度。但是，你要了解這些群體裏的每個人都是獨特的個體。你要為他們解決什麼樣的問題？不要問他們有什麼問題應該要被解決；而是詢問他們在作業過程中有遇到哪些困難。了解他們目前如何處理這個問題，以及遇到哪些痛點（不管是實際或認知上的問題），來發掘要設計什麼的機會。詢問他們的日常生活，像是他們最喜歡的應用程式 app？他們最近在閱讀的書籍？他們觀看的電視節目？或者是他們做了什麼活動？由這些細微之處，將幫助你了解你的設計對象、以及如何改善他們的生活。

你可用這些調查結果來形塑出**使用者人物誌**（*user persona*），他們是虛構的角色，被創建來展現會運用類似方式來使用網站、品牌或產品的不同類型使用者[2]。這些人物誌是使用者典型行為、目標、技能、態度的縮影。人物誌作為一個可變動的人造物，從調查結果不斷地獲得新資訊並更新，並在做產品設計決策時，幫助設計師與其團隊成員，始終將使用者放在他們心中最重要之處。

2　Wikipedia，"人物誌（用戶體驗）Persona (user experience)," *http://bit.ly/2gQbq7D*.

如果你沒有作任何有關使用者的調查研究，請從 **同理心地圖**（*empathy map*）開始，用使用者觀點換位思考。同理心地圖讓你考量使用者的想法、感受、話語和處事，並且可以讓你找到隱藏的痛點，使你能更加了解你的使用者（圖 2-7）若想更深入了解同理心地圖及如何創建它們，請查看這篇 Cooper 的文章（*http://bit.ly/2gPAT14*），裡面詳細描述了行動事項，以及如何將同理心地圖轉換為人物誌。做完之後，對真實使用者進行訪談，來找到支持你見解的看法。

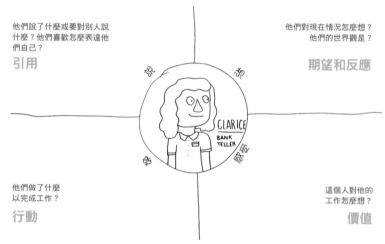

圖 2-7
同理心地圖可幫助你更了解你的使用者並換位思考

找到使用者問題的最佳方法，是觀察他們現在遇到問題是如何處理的。根據調查和訪談結果，你可以建立一個 **現狀旅程地圖**（*As-Is journey map*），以確定他們現在的痛點。現狀旅程地圖從使用者當下的體驗出發，逐步地說明使用者在整個流程中的行為、想法和感受（圖 2-8）。一旦旅程地圖完成後，你可以從中找出不理想的區域，並在你的產品和原型中，體現這些問題的解決方案。而你一旦在旅程地圖中找到了數個痛點，就可以依照其對整體體驗的重要性排序，並運用該優先順序引導你的原型設計流程。有關建立現狀旅程地圖的步驟說明，請查看 UXM 的這篇文章（*http://bit.ly/2gPEMmB*）。

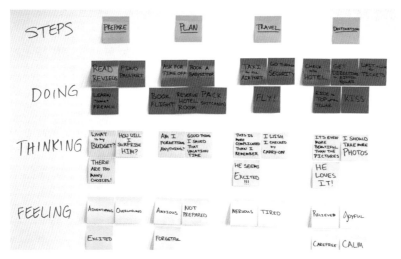

圖 2-8

現狀旅程地圖可幫助你了解現況和痛點，讓你運用你的產品去解決

由於你不代表所有使用者，因此許多設計決策實際上都是假設。所謂的假設，指的是「某事物為真或某事件會發生的一種信念或感覺，儘管沒有證據可證明。」[3] 一開始可能很難認知到你自己做了什麼假設。但其實對於你做出的每一個決定，只要問問自己是否有證據能支持它，或是否只是直覺而已。之後你可以將該假設轉化為問題，而這些問題要由你的使用者或其他額外調查來回覆。

去測試原型即是提供你證據，去回答上述這些問題，測試結果可能支持了你的假設也可能是反證。當你確立每個假設，你將對自己的想法和設計更具信心。你也將知道你的使用者是否能夠找到自己的方式、完成目標並對你的產品感到滿意。

透過為特定使用者進行設計，將特定使用者的痛點或問題置於產品概念和設計的核心，你更有可能在市場中找到亮點，和渴望的客戶。

3　牛津學習者字典, assumption 的定義（*http://bit.ly/2gQay2D*）。

為了溝通

原型將你腦中的想法視覺化，呈現給你團隊的成員、利害相關者和使用者。如果運用得當，它們是極佳的溝通方式。原型將你的想法用實體或數位媒介表達出來，將模糊的、概括的想法轉化為具體的物件。如果你沒有原型，那麼與你交談的每個人，都將使用他們自己獨特的心智模型來想像你的想法，將使得難以去整合大家對產品的各種期待。反之，若有原型，你可以直接用實體物件或螢幕畫面呈現，在更短的時間內讓每個人都有共識，而不是用模糊的籠統話語進行討論。

每次開會都帶著你的原型，可以使會議集中在原型的討論上，而不是討論天馬行空的假設（圖 2-9）。它甚至可以縮短你的會議時間、集中討論重點，因為與會者會自動聚焦在你所分享的原型上。

圖 2-9
原型有助於會議聚焦在任務上

使用原型設計進行溝通時，你需要先了解你的受眾以及與他們溝通的目的。你向業務相關者或投資者展示的原型，和向內部其他設計師展示的原型必然不同，因為你會議的目標不同。合約簽訂或設計討論會議時，你會需要特定的簡報，甚或是原型來輔助。依照不同的受眾去決定你的原型要包含哪些內容，以及如何進行簡報。你的簡報或許可架構為說使用者故事的方式，帶領受眾了解真實客戶是如何使用原型的。也或許可展示你所設計的一小部分互動，與開發人員溝通關於你所希望最終介面的外觀樣式和功能。

取決於觀眾和目的，你需要明智地選擇適當的保真度。保真度是指原型與最終產品的接近程度（我將在第三章深入探討保真度）。如果你只是與其他設計師溝通，你可以使用任一保真度，但請留意你處在開發流程的哪一階段，以及你要溝通的內容或想要的回饋。在詢問回饋之前，請務必在引言中說明適當情境，以導引後續對話。

例如，如果你在設計討論會議上展示你的設計概念，你的引言可能會是「這個原型有不錯的視覺保真度，但我們仍然在開發流程的極初期，所以我感興趣的回饋是使用者流程和行動呼籲是否夠直覺和明顯。」如此一來，你的設計師觀眾會專注於行動呼籲（像是「這個按鈕的位置不在我期望的地方」），而不是提供視覺設計回饋（像是「這裡需要更多的留白」）。

你的設計師同事可以理解低保真原型背後的想法和概念（即使看起來不像最終版本），幫你想出解決互動問題的替代方法。這些初期想法可能只是個草圖或紙上原型般簡單。在開發流程後期，你可以做出中或高保真原型來取得設計師同事關於視覺設計、較複雜互動的回饋（圖 2-10）。持續與其他設計師一起開進度會議，可以幫助你想出處理問題和解決方案的不同方法，並提供當前成果的新視角。尤其在後期，當你對自己的設計和主題了解得太深入，反而會對潛在的替代設計方向視而不見。

圖 2-10
你可以展示低、中或高保真原型，以便於溝通

如果你與利害關係人開會，你要先說明現在開發階段，以及對你要
分享的成果設定出合理期待。即便你的成果總體而言已超出原訂計
畫，但你的觀眾需要了解你的概念，而不只是想著它們的完成度。
低保真原型適用於早期，進行使用者流程、使用案例和功能的核准
和調整。一旦你開始設計解決方案（無論是介面還是裝置），若呈
現的是低保真原型，你的利害關係人可能會不那麼認真看待你的成
果，或不那麼理解你想呈現的概念。但如果保真度太高，他們又可
能會認為開發已完成，而他們所看到的是最終產品。如果他們認為
產品已經完成，他們就不會給你適當的回饋，最後你可能會在見解
無法一致的情況下結束會議。所以大部分在簡報時，最好只使用中
等或混合保真度的原型，或提供一些不同形式的成果，像是展現能
說明樣式的低保真線框、及展現視覺或材料設計方向。

如果你與要生產產品的開發人員或製造商溝通，則最好使用高保真
原型來展示最終產品準確的外觀和功能。一些開發人員會希望你提
供*紅線標註（redlines）*（在介面中顯示尺寸和間距的註釋）和動
畫的詳細規格說明（圖 2-11）。而製造商可能需要尺寸規格、材料
和你已選定的零組件。你的高保真原型可能功能不夠完整，但重點
是你要確定當次的溝通內容，以定義適當的原型範圍。

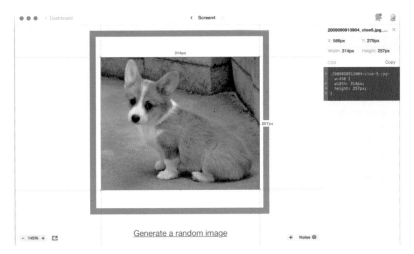

圖 2-11

紅線標註說明特定尺寸並說明介面的互動方式

說明數位介面細節的方式之一，是使用輔助軟體去創建出紅線標註和樣式說明。一個例子是 Zeplin 工具，只要匯入 Sketch 檔案，它就會自動加上紅線標註、標出顏色和字體大小，並把這些資訊顯示在一易於使用的參考文件上（圖 2-12）。設計人員可以和開發人員共用此文件，讓他們準確地了解顏色和間距，以開發最終產品所需的程式碼。

若能在開會和簡報時使用原型，將可讓你的概念更聚焦，並在你向未來投資者或合作者展示時，被認真看待。如此一來，你會對自己的想法更堅定，也會對自己溝通想法的能力更具信心。原型的展現表示你已投注想法和努力，讓你的概念成形。一旦他們看到你這樣的投入，你的受眾會更願意投資於你或你的想法。

圖 2-12

若你使用 Zeplin 向開發人員溝通設計細節（如顏色和字體樣式），其可為你
省去一些工作

建立原型設計的文化

原型很重要，你個人對原型設計的心態也很重要，但更關鍵的是在
你的團隊、公司或新創事業，建立一個持續回饋和使用者測試的文
化。每個人都應該不厭惡從同事那裡尋求回饋，以改善自己正在做
的產品。

如果貴公司尚未存在這種文化，那麼你需要開始著手建立此文化。
從自身做起，並鼓勵你的同事們做相同的事。藉由嘗試本書中提到
的任一方式開始，將可在公司各階層整合為一正向回饋迴圈。當你
的同事看到，不斷的進行使用者測試和原型設計，對你的工作帶來
如此好處時，他們會開始接觸你並學習你的方式。這樣一來，原
型設計會變成一個通用語，也會成為你團隊執行流程時所預期的一
部分。

嘗試每週舉行一次回饋的討論，會議中由一到兩個人展示他們現行
工作，並讓設計、UX 或製造各部門提供意見回饋（圖 2-13）。另
外單獨詢問一些同事，請他們對你正在做的幾個不同設計方案提供

看法。這樣的動作將協助你打破自己的偏見，並確保自己不是在與世隔絕的環境下進行設計。

圖 2-13
當面評論有助於改善你的設計，並建立原型設計的文化

藉由將原型作為討論的核心以改善會議方式，讓與會者都能聚焦在同一事物上，也讓溝通產品更容易。考量邀請相關部門同事（設計、業務或開發人員）或利益相關者去旁聽你所進行的使用者測試，以便在必要時能獲得其支持。因如果沒有讓他們當面看到使用者的痛苦，你很難去否定現行版本某些功能確實不佳。

如果上述對開始建立原型文化沒幫助，請嘗試一些不同的方式！請記得你的工作流程也是原型，與產品一樣。

為了測試與改善

決大部分你所製作的原型是為了測試和改善產品。到了這個階段，你對所要處理的問題已有一定了解，並且對如何為使用者解決問題有很多想法。利益相關者也同意你依照簡報所提出的方向繼續

開發。你可以在整個開發流程中，迭代地測試一小部分的假設，並使用該回饋來導引你產品的設計；而不要只用你的直覺來選擇設計方案，也不要只在完整原型做出來時才讓使用者進行測試（圖2-14）。

圖 2-14
測試你的想法，此將幫助你選擇適當往前的方向

製作第一個原型可能是困難的。你可能沒有足夠的信心，相信自己的想法值得花時間去進行原型設計和測試。但是，不要原地打轉和只讓想法在腦中空轉，請動手開始製作。如果你等太久，你將累積太多假設，很難在一個複雜的原型中進行各假設的測試。一旦你有任何想法，就開始進行原型設計。把構想從你的腦海中體現出來，讓他人看到它。開始討論它。測試它。最後改善它。

一旦越過了第一個原型的障礙，你將建立自己的直覺，知道哪些假設最關鍵、需要去測試。在你的流程初期，你要先了解和測試使用者的心智模型（mental model），或他們感知和理解世界的方式，及其思考流程。若你產品的任一部份，假設使用者已知某些特定字眼、分類、使用模式或導覽，都非常需要作為測試標的（圖

2-15）。設計幾個小型測試將重點放在各個特定變數上，以便你可以理解那些是會讓使用者困擾的內容，以進行修正。

圖 2-15
導覽的測試非常重要，特別是針對用語和心智模型兩部分

如果你所設計的複雜互動需要有一定的技術背景才能理解，則需要更頻繁地對你的使用者進行測試，因為你的技術背景對產品的理解必有偏誤。在開發流程中的某些時候，你非常了解你的技術和產品，以至於無法與使用者以相同的認知角度去看待你的產品。請確保你讓首次使用者和再訪者一起測試你的介面或產品。有些你認為已經不需要解釋的東西，可能會讓首次使用者感到困惑。

最後，你製作的每個原型都是依據特定假設所設計的，這些假設可能是基於可用性、價值證明或商業策略。一些例子包括：

- 使用者可以自己找到特定功能

- 頁面的資訊架構是具直覺性的

- 使用者了解選定的用語和 UI 文字

- 使用產品及其功能所花的時間有其足夠價值

- 使用現行的介面設計，使用者可以完成產品理想中的完整功能

這意味著原型是一次性的，大部分不適合去測試其他、不同的假設。你為測試應用程式 app 的資訊架構而創建的特定原型，可能無法提供所需互動性，讓使用者了解應用程式 app 的整體價值。

捨棄原型可能會很痛苦，但是在你測試它並獲得見解後，原型已經達到了它的目的，而你必須繼續向前進。「殺死最愛，即是最好（kill your darlings）」這個說法不僅涵蓋了那些使用者不需要的設計元素；還包括你過程中創建的作品。原型是流程中的產出，一旦它們完成了任務，就該繼續往下走了。

透過原型去測試你的想法，將幫助你製作更好的產品，並將為你提供明確的前進方向。與其去猜測使用者想要什麼，倒不如透過與他們的互動去發現價值，從他們的實際需求獲得有用見解。而你的團隊將從你所得的使用者回饋中獲益良多。

為了倡導

你可以使用原型和從測試原型所獲得的見解，來倡導使用者體驗及支持方向或焦點的改變。當與大型團隊（包含產品經理、業務相關人員和大型開發團隊）合作時，展示設計決策背後的價值和理由是必要的，比簡單地只展示視覺成果好（圖 2-16）。

身為設計師，你是使用者的最大應援，你的工作就是創造最好、最直覺的設計，讓使用者受益並解決他們的問題。最好的方法是將具代表性的使用者測試結果作為證明，來實踐你的想法，而不是純粹依靠「設計的力量」。你要建立一個「無我」的設計方法。將謙遜帶到你的工作中。設計是產品開發這個大型生態系統的一部分。我們為整個生態系統提供價值，但如果我們在推動使用者議題時，沒有考慮其他觀點，則無法為整個生態系統提供價值。試著同理你的團隊，跟你同理你的使用者一樣，讓我們提供價值而非阻礙。

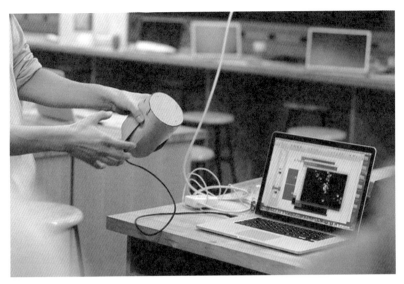

圖 2-16
使用原型來倡導你的想法和說明你的設計決策

你應該讓更廣的團隊成員參與製作和測試原型，以建立互信並更快地推動開發（圖 2-17）。嘗試在團隊會議中展示你的原型，並在使用者測試之前詢問他們的回饋。或者與團隊的其他成員合作，共同考量將要測試的假設之優先順序。與其直接駁回業務或工程人員的建議，倒不如傾聽並將其整合到原型中，藉由測試去證明或反證他們的假設。在原型設計過程中讓全體開發團隊參與，藉此建構合作橋樑，你的設計才更有可能獲得承認，並能依你的設計去執行。

例如，我的團隊設計了一個線上產品，業務合作夥伴對其中的「the fold（頭版）」功能感到擔憂。該產品大部分的內容都要往下捲動頁面才能看到，當你第一次打開網站時是看不到的。雖然有大量的文獻證明了網頁中的「the fold」是一種設計的迷思，但是直到他在使用者測試現場，看到使用者打開頁面後立即往下捲動頁面後，才開始相信內容會被使用者看到。當初為了向他證明，我們的做法是邀請他到場觀察一些使用者測試，另外我們也錄下了一些測試案例，以便他可以親身體驗到「the fold」是沒有問題的。

圖 2-17

在建構和測試原型時，邀請你的利害關係人和同事一起參與

當產出使用者測試結果時，你應該嘗試運用一些成功和銷售之類利害關係人的語言，在你的簡報上適當地運用這些商業術語。畢竟使用者體驗越好，你的產品就越有市場性和可用性，並且該使用者購買或使用的可能性就越大。改善體驗的最佳方法，是基於使用者測試所得出的洞見，去倡導介面或產品的改善。請在與利害關係人分享你的成果，及你與你產品未來使用者欲建立關係時，記得上述信念。

重點整理

基於許多原因，進行原型設計是有助益的。主要的四點是：

為了了解

特別是去了解你正要去處理的使用者或問題，及你所尋求的解決方案對使用者來說是正確的解答。

為了溝通

向利害關係人、團隊成員或客戶溝通設計方向；以獲得設計的回饋；明確說明最終設計細節和互動給開發人員、工程師或製造商。

為了測試

測試後可基於使用者回饋去改善你的想法，並驗證或反證你的假設。

為了倡導

去倡導某特定的方向或轉向，你將需要說服你的業務利害關係人，這是基於使用者調查結果的正確決策。

一個原型可能基於多重原因而被使用（例如，為了測試、接著為了溝通測試結果），但最好知道原型的主要使用原因，以便你可以適當地建構它並引導期望。在產品開發中，這四個原型設計的理由，拓展了何時及如何使用原型設計的範圍。你將在第四章中了解更多，各種不同原因的原型設計流程。

為了幫助你專注於開發，並生產出能解決真正問題的產品，最好採用以使用者中心設計方法。將你的理想使用者放在心中，將要幫他們解決的問題作為核心，你可以形塑出產品並讓真實人們測試與回饋。

最後，將原型整合到設計開發流程的各階段，你可以在工作場所和同儕間建立原型設計的文化。這樣的環境將使每個人都能持續地獲取工作回饋，明顯地改善你的工作成果。

[3]

原型的保真度（fidelity）

選擇保真度是創建原型的關鍵。**保真度**（*fidelity*）指的是原型看起來和功能上有多接近成品的程度。適當的保真度等級，會讓你收到的回饋集中在適當的設計部分上，因此請根據原型的目標選擇你的保真度。保真度有不同的等級（低、中、高、以及混合）和五個面向（視覺、廣度、深度、互動性和資料模型）。需要一點時間和練習，去學習哪種保真度可以讓你獲得所需的回饋，但有一些最佳實務可供你參考選擇。

通常最有助益的原型設計流程是從低保真度開始，慢慢提高保真度等級，直到你大多數的假設經過測試並得到證實或修正。你會發現在流程初期會製作較多原型，但隨著你的想法越精煉製作的原型會越少。在過程中要保持彈性，去決定哪個保真度適合你要進行測試的假設。如果原型的保真度太高，使用者將下意識地認為此設計是「已完成的」，可能會僅提供關於某地方要再修飾之類的意見，而不是提供概念性的回饋。如果原型的保真度太低，使用者可能無法理解其內容，而迷失在籠統的討論中。製作原型所需的時間和精力，與你在特定保真度下測試所得的價值之間，也存在其平衡（圖3-1）。在流程的不同階段及不同原型目標，藉由選擇適當的保真度或創建一個混合保真度，你將節省許多時間又能獲得所需的適當回饋去改善你的想法。接下來，我將深入地探討保真度。

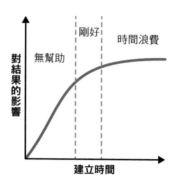

圖 3-1
你需要根據其影響或價值，來決定投入原型的時間和精力

低保真度

低保真原型最適合用來測試你的核心概念、克服最初的恐懼、考量各種不同想法、並在潛在問題爆發失控之前解決它們。這類的原型看起來一點都不像你的最終產品；媒介不同、尺寸大小不同、且通常沒有經過視覺設計（儘管在整個流程中你應該考慮視覺設計）。

它是做起來最簡單、最便宜的原型，不需要太多的時間或技能就能完成。一些範例包含：紙上原型、電路建構、分鏡、線框圖、情緒板、草圖和零組件原型（圖 3-2）。低保真原型的目標，是測試基本和大方向的假設，包括使用者流程；資訊架構（標籤、導覽版型和基本組織）；和使用者心智模型。使用這種粗略的原型，你的使用者不會花時間提供回饋在介面或裝置的操作和外觀上，而會將重點放在產品的整體用途和流程上。

舉例來說，當我著手網站的初始資訊架構（網站是如何組織的、因特定使用者使用什麼樣的用語，以及如何以最直覺的方式將標籤分組）時，我會先進行卡片分類（圖 3-3）。我給我的使用者一組卡片，上面有所有導覽頁面及其名稱，並要求他們以對她或他個人有意義的方式整理 / 組織卡片。這項活動讓我能去理解使用者的心智模型，因為每個人的組織方式都不同，而我的導覽需要適用於所有各種不同的心智模型。進行卡片分類活動不需要很多的時間、材料

和精力，而且我不需準備一個介面去進行測試。但我可以從中了解我的使用者，並改進產品的版型和導覽，使產品更適合他們。

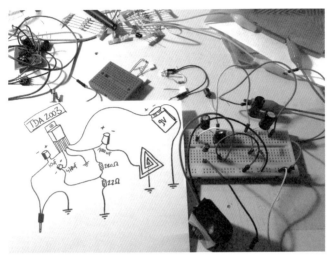

圖 3-2

各種形式的低保真原型，可以測試大方向的概念（圖片由 Flickr 用戶 Dileck 提供）

圖 3-3

卡片分類活動可幫助你了解使用者的心智模型，並指引出下一個原型建構的內容

在卡片分類之後，我立即依此創建出這導覽方式的低保真原型，或是此導覽方式的大概樣子（每個頁面上都寫上一點內文）來說明情境。這種原型看起來不像最終的網站，如圖 3-4 所示，它只有非常基本的樣子和大致結構。但是，藉由讓人們查找其上特定資訊，我可以清楚地看到他們是否了解導覽標籤與其分組，以及他們找到特定資訊的速度。此測試可讓你知道網站的整體架構，（以我親身的經驗）而整體架構在開發後期是很難進行更改的。藉由在流程開始時，多花一點時間去測試結構的假設，可讓產品在收尾時省去一些時間、痛苦和麻煩。

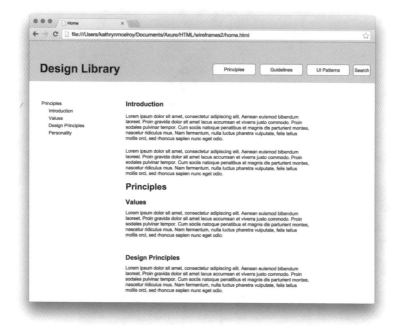

圖 3-4
為了較好去測試，使用低保真 IA 原型讓使用者與導覽互動

另一個低保真的例子是用麵包板做電路（圖 3-5）。你可以使用一些特定零組件來嘗試你的想法，先讓各零組件能自己運行。先使用低保真電路來實驗，將有助你確定後續要用哪個版本的零組件，去進行更高保真度的測試。我在流程初期，會訂購幾種不同類型的微

控制器、按鈕和旋鈕、以及 LED 指示燈來測試。在低保真度嘗試的選項越多元，我的最終解決方案和下一回合的原型將越穩健。透過分別測試這些零組件，我也更知道如何組成一個電路，且能開始畫出零組件將如何互動。

圖 3-5
你可以使用麵包板建構低保真電路

中保真度

中保真原型在至少一個面向上（可能更多），開始看起來像你的最終產品。它們在成本（時間或其他方面）和價值之間取得了良好的平衡。中保真原型開始加上視覺設計、互動、功能性和最終媒介（本體、螢幕畫面上、瀏覽器內或實體的設計）。一些範例包括可點擊原型、樣式說明、Axure 原型、程式原型和各種電子產品原型（圖 3-6 至 3-8）。

圖 3-6

中保真電子產品原型包含更多互動式零組件

圖 3-7

中保真數位原型比其低保真版本來的更複雜

Style Guide

Header/Footer bg Subnav

f3f3f3 e6e7e8

Score card Bars and radio buttons

cfd2d3 bbbdbf

Score colors

d3b040 f9f402 da2839

"Thermometer" graphic colors

b9e7c9 f5d5bb f4bac0

Buttons and links

315d80

Footer graphics

66cac6 2e2e2e f3f3f3

48 px **Page heading**

36 px Let's get started!

31 px **Section title**

24 px Subtitle

21 px **Text**

18 px Or paste an image URL

Score

Caption

Link

16 px Body copy

Case Studies

Case Studies

315d80 d74108 6d6e71 828180

121212 2e2e2e

圖 3-8
你可以創建樣式說明以溝通未來的視覺設計

中保真原型應該用來測試更精確的假設。像是使用者可透過特定任務的完整使用者流程來瀏覽。若為智慧型物件,則像是假設使用者可以理解燈光輸出及其代表的意涵(圖 3-9)。這些原型比低保真原型製作時間更長,但你可以開始測試更複雜的互動部分。使用者將從原型本身得知更多產品內容,使你能在測試中得到更多有用的結果。

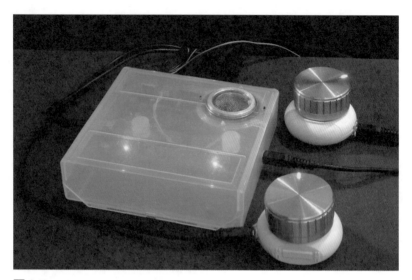

圖 3-9

這款中保真電子產品原型，讓使用者能控制輸入並更了解其輸出（圖片由 Flickr 用戶 svofski 提供）

對於那些可能無法適切「讀懂」低保真原型的利害關係人，用中保真原型進行溝通非常有用。因為你用了更清楚實際的脈絡，展示更精確的概念。在製作所花費的時間上、與建構原型的細節兩方面，處於一種適當的平衡。利用中保真度原型，利害關係人無需憑空想像產品在現實生活中的樣子（無論是在瀏覽器上或是實體物件），他們才能對設計工作前進的方向具有信心。

例如，在開發一款名為 Tempo 的穿戴式脈動臂帶時，我製作了多個中保真原型來測試不同部分的互動，並用來與我的業務相關人員進行溝通。這個臂帶使用振動馬達，將固定模式的脈動傳送到使用者手臂上，用在冥想、定速跑步、甚至是無聲節拍器。其中一個原型讓使用者能更改和設置脈動的模式，但由於是由低保真零組件做成，它有點太大而不能日常佩戴（圖 3-10）。因此，我另外製作了一個固定模式脈動的較小型的原型，可供使用者在日常生活中佩戴，讓使用者能更深入回饋關於在日常活動中使用的經驗（圖3-11）。

圖 3-10
依我的產品構想所作出功能可運作的、中保真的原型

前一個原型幫助我去開發了智慧手機應用程式 app，讓使用者能設置和儲存脈動模式；後一個原型讓我改善了實際的最終穿戴式裝置的形狀和舒適度。此外，我也使用第二個原型，與我的業務相關人員溝通產品的最終尺寸和範圍，以得到他們的認可。

圖 3-11
未客製化的臂帶版本

另一個中保真原型的例子是可點擊版本的線框（圖 3-12）。你可以使用 PoP、InVision、Proto.io、Flinto 或 UXPin 等軟體，快速建構簡單的原型來測試你的假設。一旦你製作了這樣的中保真原型，你就能讓使用者在特定裝置上與之互動。你可以讓你的智慧手機 app 在智慧手機樣板上展現，或讓你的使用者在實際裝置上進入使用，在這樣的情境下獲取設計回饋。

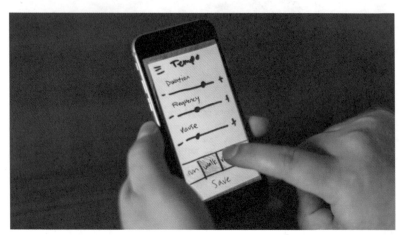

圖 3-12
你可以使用各種軟體程式，製作線框的可點擊版本

高保真度

高保真原型就真的有那麼一回事了。它們是經過視覺設計的，且以瀏覽器程式碼或實體物件這樣的方式呈現。這些原型具有真實內容，且大多數的功能路徑是可點擊的或可互動的。一些範例包括：精美的電子智慧物件、已寫好程式碼的 app、或完整設計好的數位體驗（圖 3-13）。在此階段，大多數你的假設都應該已在較早期原型中測試過了。這時候的高保真原型最好是用來測試一些細節，例如大部分使用者體驗後的反應、動畫或動作、字體大小的易讀性、長期可穿戴性、或按鈕的最終尺寸大小。為了完成高保真原型，在製作上需花費更多的時間、技能水準、以及軟體或程式設計。

圖 3-13
高保真原型看起來像真的產品

在流程的這個階段，最好和參與製作產品的各功能單位團隊合作，不管是開發人員、工業設計師、製造商或電子工程師。透過與這些人員共同合作來建構原型，更能設計出可被製作且能夠被大量製造的東西。如果你無法直接與這些團隊合作，但仍需要高保真地進行測試，請向專業人士請教關於可行性的回饋。然後你就可以使用特定軟體（像用 Sketch 作視覺設計、用 Axure 作互動），去製作複雜的數位原型；或使用商用零組件來製作實體原型。你可以用 CNC 銑削、鑄造、紡織品縫製、或電路板印刷，製作出高保真實體原型。

以下這些範例，是產品中非常適合用高保真原型去測試的部分，我將在第五章和第六章中詳細介紹：

- 測試動畫
- 令人愉快的元素、圖示和復活節彩蛋（Easter eggs）

- 特定使用者流程

- 整體產品的使用

舉例來說，為了最終的軟體發行，工程和設計團隊共同合作，直接以最終產品形式去建構高保真程式碼原型，在進行測試後，若結果是好的，他們可以依此原型快速製作出最終產品（圖 3-14）。當然這是具有風險的，因為測試的結果可能證明了對產品的一些假設是不對的，且建構高保真原型的成本很高。但在產品發行前，至少它提供了能進行最後測試的防線。每次產品的發行，都是一個改善的機會，即便已發行了最終產品，大多數敏捷團隊仍會根據使用者回饋及待改善清單，持續進行產品改善。

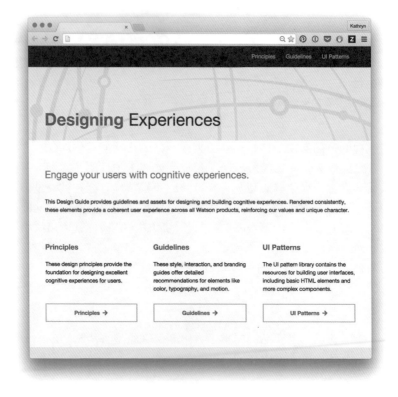

圖 3-14
如果測試結果很好，此商用等級的程式碼原型就可以直接發行

如果你在選擇保真度等級時遇到困難，請使用表 3-1 作為小技巧。

表 3-1　各類型保真度的優缺點

	低保真度	中保真度	高保真度
優點	快速、低技能、便宜、由你手邊可得的材料製成	較具互動性、較容易測試、時間和品質的良好平衡	完整的設計，包括視覺、內容、和互動；可以測試非常詳細的互動
缺點	有限的互動性、較難以測試細節和完整的流程、提供使用者很少情境資訊	較花時間，但功能不完整	非常花時間，需要運用軟體或寫程式碼的技能、難以測試大方向的概念
使用	探索和測試概念方向，如使用者流程和資訊架構；最好製作多種不同版本並互相對照測試	使用者測試特定互動和引導的流程；較好向利害關係人簡報，因這樣的原型提供較多的情境資訊	使用者測試非常精確的互動和細節、最終使用者流程的測試、將最終設計成果向利害關係人簡報

保真度的五大面向

除了純粹的低保真、中保真和高保真原型之外，你還可以透過五大保真度面向的優先順序，來製作混合式保真原型，五大面向包括：視覺設計精細度、功能廣度、功能深度、互動性、和資料模型[1]。根據你原型的目標，每個面向將會有不同的保真度等級。使用客製、混合式保真度方法來創建原型，你收到的回饋將集中在設計的特定部分上。這五個面向提供了你一縝密的方式，來決定原型中要包含的內容，以及如何混合成你所要達成目標的客製保真度。

當我在製作原型時，我會用我的目標或假設來檢視這五個面向，以幫助我決定哪個面向為主力。對特定原型確定哪個面向較優先是重要的，此將有助於你聚焦，並節省時間和精力。

1　Michael Mccurdy 等人，「打破保真度的疆界（Breaking the Fidelity Barrier）」，Proceedings of the SIGCHI Conference on Human Factors in Computing Systems - CHI '06, 2006. doi:10.1145/1124772.1124959.

視覺精細度

視覺精細度常會被認為等同於保真度,因為它是使原型看起來像成品最簡單的方法。視覺精細度指的是你在介面上使用完美畫素設計的多寡,或在實體物件中材料精美的程度。

根據你的目標(例如,理解或測試),你可能會在視覺設計上選擇較低的保真度,以表明這些想法未固化且正構思中。使用較低保真視覺(像是粗略線條的方形線框或麵包板),使用者的回饋將集中在大方向的使用者流程概念上,而不會得到像是顏色、材料選擇、和複雜細節的回饋(圖 3-15)。

圖 3-15
你可以選擇使用低保真原型來獲取概念性的回饋

等到開發流程晚期,你將想要去測試較高保真的視覺設計,以確認無障礙性、觸覺與感受、以及視覺設計細節是使用者可接受的(圖 3-16)。這樣的原型提供了機會去確認對比度、材料互動、美感和易讀性。你將希望使用者在預期使用的環境和情境中,去體驗你的 app 或裝置。

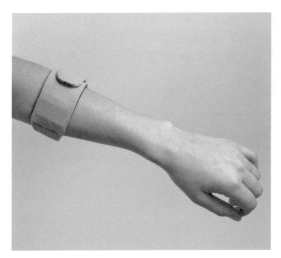

圖 3-16

高視覺保真的原型，讓你去測試設計的觸覺、感受、和無障礙性

廣度

原型的廣度，指的是原型功能性的多寡。對於你所做的每個原型，你將不會需要全廣度的體驗。如果你能有智慧地選擇適當廣度的保真度，那麼你將能節省時間並能開發更快。

舉例來說，若我正創建一個新的音樂 app 或音訊裝置，讓聽者可以選擇要播放的專輯或歌曲，可以製作播放清單，並且可以購買音樂。較高保真廣度的原型將包括上面所有這些功能選項，做成可點擊介面或實體模型（圖 3-17）。我可以同時測試使用者如何使用這些不同的功能。

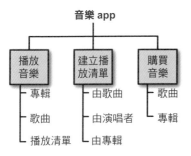

圖 3-17

高保真廣度將讓使用者在 app 上，與所有可點擊功能進行互動

而較低保真廣度則可能只關注單一功能,以便更容易去設計和測試該特定功能(圖 3-18)。原型廣度越大,你越能去測試使用者互動的一系列完整任務,且你越能測試 app 或智慧物件的完整導覽。

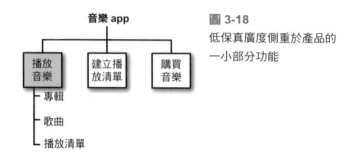

圖 3-18

低保真廣度側重於產品的一小部分功能

當你繪出所有產品使用者流程或 app 的網站地圖時,你就能決定原型要製作的廣度。你會想要做出的廣度,是適合你要測試的假設的。你可透過使用者介面中有多少可點擊元素或互動功能,來表示廣度。

深度

原型的深度指的是,原型的個別功能被建立的詳盡程度。根據你為了測試所創建出的任務,你可以在原型上開發一個或多個詳盡的部分。在你的流程的後期,你的團隊(或多個團隊)可能會深入製作許多功能,以便使用者可以在一次測試中嘗試不同的產品功能。

以同樣的音樂 app 為例,若我想讓使用者測試聚焦在播放清單功能上,於是在「建立播放清單」功能上建立了完整使用流程,而不是去開發購買音樂或播放歌曲或專輯的功能流程,又或是去開發裝置上選音樂的可捲動按鈕。(圖 3-19)。

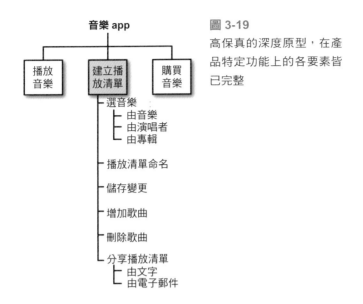

圖 3-19
高保真的深度原型,在產品特定功能上的各要素皆已完整

功能深度較高保真的,可讓你測試使用者執行產品特定的功能。深度較低保真的,則有助於測試大概的導覽假設(圖 3-20)。因使用者不需要深入與特定功能互動;需要的是找到某功能的路徑。

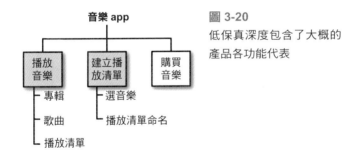

圖 3-20
低保真深度包含了大概的產品各功能代表

如果能根據實際假設的需求,找到原型廣度和深度的平衡,你就可以讓原型設計的時間更有效率(圖 3-21)。即便現在你的測試目標可能不需要深度的原型,但到了開發流程後期,你可能就會需要一個具廣度和深度的原型來測試整體狀況。

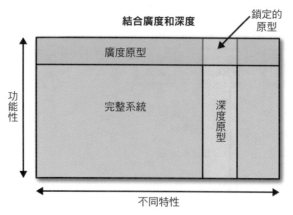

圖 3-21

你可以結合廣度和深度，來創建非常有效率且有目標性的原型（基於 Neilsen 的概念）

互動性

原型的互動性，指的是如何向使用者展示 app 或產品的互動部分。互動性的一些態樣像是：「行動呼籲」按鈕、實體按鈕、頁面如何下載、按鈕按下後 LED 的反應、介面元素如何進行動畫、使用者輸入後產品如何反應、以及電子產品的各種實體、視覺和聲音輸出型態。

以我們的音樂 app 為例，低保真互動性可能是紙上原型，或是能讓使用者「點選」不同頁面的中保真原型，但不去顯示介面實際頁面如何轉換（圖 3-22）。

若我創建的是較高保真互動性，則側邊會滑出選單，專輯和演唱者名稱滑入播放清單時會搭配一點彈動。

透過給使用者提示和部件的編排，互動性提供了關鍵的情境，因此請確保在開發過程中，會對互動性進行測試。由於對使用者的回應，他們甚至能譜出整體體驗的調性與風格來。（圖 3-23）。紙上原型或麵包板電路這樣的低保真原型，很難去測試互動性。你將需要使用原型設計軟體，或更深入的微控制器程式設計，來幫你創建出動畫和對使用者輸入的自動反應。有一些方法可以偽造出這些互動，我將在第五章和第六章詳細介紹。

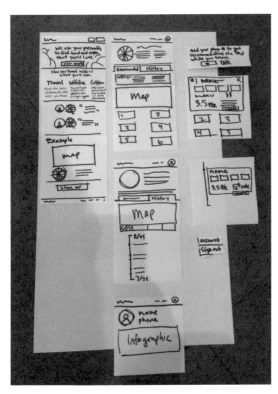

圖 3-22

低保真互動性需要人
為去移動，且不包括
任何動態或過場

圖 3-23

高保真互動性包括各種可點擊的輸入、動畫和過場、以及輸出（照片由 Flickr
用戶 Intel Free Press 提供）

資料模型

資料模型涵蓋了使用者在產品介面上會互動到的內容,以及在產品前端和後端會運用到的資料。較低保真度的資料內容,例如亂數假文(lorem ipsum)(非真實內容的文字)沒有提供太多情境資訊給使用者,且由於沒有提供頁面上適當可理解的內容,導致使用者和視覺設計的迷途(圖 3-24)。同樣的,在實體產品的後端有真實資料也很重要,這樣你就可以決定特定的後端架構和資訊處理,並找到有幫助的程式碼讓你的進度更快。

圖 3-24
低保真資料模型可能會導致你在設計上出錯

如果你沒有產品的真實資料,則要求相關人員提供,或自行編造與最終內容類似的基本內容,也可與開發人員合作以獲得正確的程式

碼和後端架構。這將可讓你去測試訊息的傳遞及其調性，或你的智慧物件、穿戴式裝置的風格。

當取得真實內容時可以更新它，而測試結果會讓你知道內容該怎麼寫較好。產品應使用真實的最終內容去設計，但有時你會需要在最終內容準備好之前，快速設計一個低保真的原型。

當你使用中—高保真資料時，因為使用者能參考實際內容，你在易用性測試上將獲得改善（圖 3-25）。將使你的視覺設計，能去顧及到你需要顯示或儲存的輸出（適當規模和種類）。例如，在我的音樂 app 原型中，我可以用偽造的歌曲和演唱者名稱，但如果用真實資料去設計，不管名稱或敘述多長或多短，在介面設計中都有被考慮到，以確保之後實際使用不會有問題。

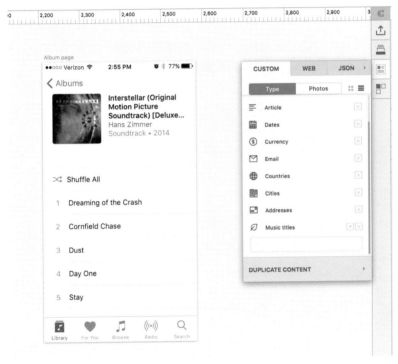

圖 3-25
透過使用真實的歌曲名稱，你將可確保是否有為一些特殊狀況預留足夠空間

重點整理

保真度等級是原型設計的關鍵，並大幅地影響測試結果。你必須根據你的目標和在開發過程的哪個階段，去選擇適當的保真度等級。

- 低保真原型製作快速且便宜，適用於測試大方向的概念。

- 中保真原型是時間和品質之間的良好折衷，讓你能更好地測試較具體／精確的問題、描繪願景，並與利害關係人溝通更順利。

- 高保真原型在時間和技能上投入最多，讓你測試完整細節。他們非常適合用來向客戶銷售概念，並用來訂定最終設計。它們也適用於與開發人員溝通最終設計決策，以便於他們執行。

你可以運用原型的五個面向（視覺精細度、廣度、深度、互動性、和資料模型），客製化所需的混合式保真原型。一個原型中的各個面向，可具有不同的保真度，以滿足特定目標。要花點時間去建立選用保真度的能力（知道哪一種狀況要用哪種），文中提到的範例已提供你良好基礎，可開始運用在你的工作上。

[4]

原型設計的流程

根據每一個原型不同的意圖，你的原型設計流程將採用略有差異的路徑，且流程會根據你的目標、受眾和假設而有變化（圖 4-1）。

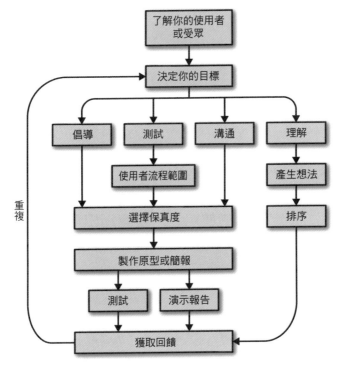

圖 4-1
原型設計流程取決於你的目標、受眾和假設

請使用以下準則，來選擇適當流程：

- 你在試驗原型設計，又或不知道要先做什麼？試著做一個「最小可行原型」。

- 你的目標是針對某一問題提出各種可能解決方案？那麼，你的流程將聚焦在探索上。

- 你是否會使用原型來溝通或倡導某個方向？那麼，你需要專注在特定受眾身上。

- 你有問題或假設要測試嗎？你的流程將聚焦在該假設。

確立你的流程目標和焦點，將使你的原型有立足點，並能限縮範圍，不會因太困難而做不出來。

最小可行原型
（Minimun Viable Prototype）

如果你不知道從何著手、時間有限、或希望在確定執行之前嘗試原型設計，請依照此「最小可行原型」流程作為方針。最小可行原型是用最少的努力、大眾化的手法去建構一個原型。這是讓你將原型設計較輕鬆去融入每天工作中的第一步。

步驟 1：確定產品的使用者、並識別出他們的問題

首先，回顧一下第二章所提到，關於了解你的使用者及其問題。一旦你對想為使用者解決的痛點和問題有好構想，去想一些不同的方法來解決問題。如果你對「探索」需要更多指引，請跳至「以探索為核心」的章節。

例如，我有位女性使用者，是一位年輕的專業人士，擁有一隻狗，但必須經常出差。她已經聘請了一位狗保母，但想要能經常報平安、看看她的狗與聯繫。目前，已有一些昂貴的智慧物件能讓她看到寵物與互動，但她必須手動登入、打開相機、期待她的狗在鏡頭的視野範圍中。從這些痛點：昂貴科技、手動登入、不能保證看到狗，我看到了一個能為該使用者創造新產品的機會。

我能用幾種不同的方式去解決這些問題，但在探索和測試了三個不同想法之後，我決定在狗狗吃飯和喝水的地方、與狗等高處，安裝低畫素相機並連接到動作感測器。相機會在寵物經過此區域時自動拍攝照片，並將這些照片發送給使用者，如此一來便不需要使用者下載 app 或手動登入。但如果使用者想要更多操控，可以下載隨附的智慧手機 app 後，去調整相機角度、與狗狗說話。現在我準備好要進行下一步了。

步驟 2：寫出解決問題的使用者流程（User Flow）

現在你手上有使用者、問題、和解決的方向，即可準備創建使用者流程去支持這個方向。使用者流程，是使用者為了完成目標的一段旅程。你可以用句子寫出來、製作成示意圖，或將其繪製成分鏡。圖 4-2 為購物下訂單的使用者流程範例。

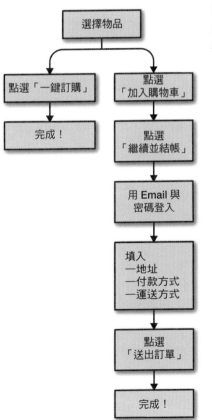

圖 4-2
此使用者流程展示了如何
在 Amazon 上送出訂單

你的使用者流程，有助於你去決定需要創建的原型範圍，或原型所涵蓋主題的程度。如果你的主要痛點是 app 的註冊流程，則你的原型中無需涵蓋 app 中的所有可用功能。而是從註冊的原型設計、測試和改進開始。藉由適當安排優先順序和設定範圍，你將可節省時間，並能更快專注於真實的結果上。你將能去限定影響使用者體驗的變數。你能分隔出較小區域進行測試，然後再將它們合併在一起以測試完整產品體驗。上述限定範圍的作法，對電子產品特別有用，可確保在整合前，個別零組件是能起作用的。

如果你的使用者流程沒有明顯的範圍，請查看還有那些未經調查的假設（可能全都沒有調查過），依假設的重要程度排列測試的優先順序（圖 4-3）。排列優先順序的一種方法，是問自己「如果這個假設是錯誤的，它是否會讓產品變得無用或無法銷售？」。你將想從「如果假設錯誤會導致產品徹底失敗」的那項開始。

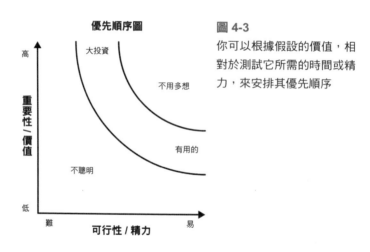

圖 4-3
你可以根據假設的價值，相對於測試它所需的時間或精力，來安排其優先順序

例如，你所選用的導覽 UI 文字，可能與使用者的心智模型不適配。如果你選擇詼諧的語法，而不是直接明瞭的語法，則你的使用者可能會找不到你產品中的特定功能（圖 4-4）。因此，最好從測試導覽和行動呼籲的原型開始，來確保你的使用者能理解其含義。

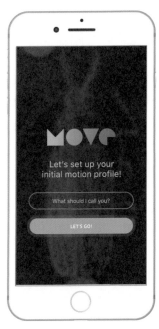
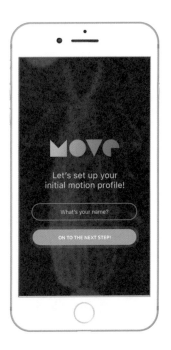

圖 4-4

測試你的行動呼籲文字為高度優先

另一個例子是為智慧物件的介面選擇圖示（圖 4-5）。

圖 4-5

對圖示進行測試，以確保你的使用者理解它們所代表的意義

依循上述例子，我建立了一個使用者流程，且發現一些需要被測試的有趣假設（圖 4-6）。

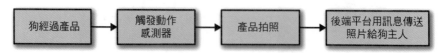

圖 4-6
「動作觸發的狗狗觀察器」之使用者流程，指出了一些重大假設

一個假設是狗的活動力能大到觸發動作感測器。另一個假設是相機拍攝的圖像，能好到值得傳訊息給狗主人。前者是可影響產品失敗與否的重要要因；因為如果狗沒有觸發相機，那麼此產品就沒有用了。而後者則是可以在發行後微調。所以現在我知道我需要製作一個原型，用真的狗來測試動作感測器，看看需要多大的動作才能觸動感測器。

步驟 3：用使用者流程製作出原型

拿你在上一個步驟所寫或所繪出的使用者流程，畫出所需的線框圖或結合所需的電子零件，來創建出你要的原型。此時，你將需要選擇最佳的保真度等級。有關如何選擇保真度等級的詳細資訊，請閱讀第三章。

總體來說，你在流程的初期將會用低保真原型，隨著想法更精鍊，逐漸去提高保真度。你需要為此原型選擇媒介，例如紙上原型、程式碼或可互動原型、麵包板原型、或單元測試原型（詳細於第五章和第六章中介紹）。

把你決定出的關鍵且要測試的每個步驟，繪出其畫面、或撰寫其零組件程式碼。確保你的原型有說出你想去改善的假設。圖 4-7 是測試名人新聞 app 導覽的快速紙上原型範例。

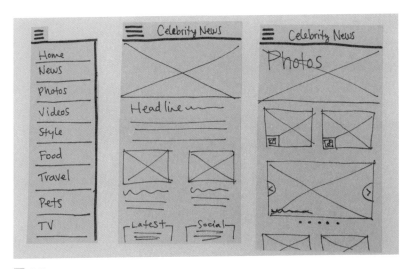

圖 4-7

一旦決定了要測試的假設，你就可以用它去建構一個特定原型

對於我們新的狗狗動作感測器原型，我快速做了一個麵包板原型，放上動作感測器、Arduino 微控制器、和 LED 燈（圖 4-8）。透過這兩個組件和一些程式碼，我可以準確地知道觸動感測器所需的動作大小。而我使用的程式碼會在看到動作時打開 LED 燈，並在動作停止後將其關閉。現在，我已經準備好要來測試它了。

圖 4-8

低保真原型讓我了解，狗需要多大動作才能觸動我的感測器

步驟 4：測試、檢查結果、再一次測試

現在你已準備好測試原型了！寫下你的調查計畫（詳見第七章），找幾個使用者進行測試，觀察哪些部分做得好、哪些做得不好。最好安排另外一個人幫你一起進行使用者測試，當你提出問題時，另一位則可以記錄。請記得，如果使用者迷路找不到路徑、或未能很好地完成任務，這反而是一件好事。這意味著你找到了一個可以改進的地方，而這個原型發揮了很好的作用。

在幾位不同的使用者測試之後（根據 Erika Hall 的 *Just Enough Research* 一書，建議四到八位），檢查你的筆記。回饋中是否有出現了一些模式？你的假設是否有得到驗證或反證？是否偶而出現一些你之前沒有考慮過的其他見解？回頭審視這些見解與原本的使用者和問題，並思考你能如何改善體驗。根據你的使用者測試結果，重新排列假設的優先順序，製作另一個原型，並再跑一次這個流程。

最終，關於我們新型的狗狗產品，我測試了幾個不同品種和大小的狗，以確認適當的動作感測器刻度（圖 4-9）。

圖 4-9
我用原型測試了幾種不同品種的狗和環境設置

根據測試結果，感測器不應該靠近食物碗，反而應放置在狗停留最多時間的公共休息區中。這樣的話，當狗跳上沙發或蜷坐在它的狗窩時，相機能捕捉到它的最佳狀態。下一輪的原型將把焦點放在狗主人與裝置的互動，及設計智慧手機 app 的原型。

以探索為核心

以探索為中心的流程，將花較多時間在生成構思上，而花費較少時間來製作原型本身。然而，相較於只透過草圖或線框圖，以互動方式去思考各種想法是有幫助的。你進行探索的目標，是去找到要解決的正確問題、做出有根據的決定或解決問題的方法，讓你有立場去溝通和測試解決方案的各種變數（用之後的原型）。此流程是開放且不嚴謹的，因為你還在專案的初始階段，還沒有做出很多決定。請先從了解你的使用者及其問題開始，如本章開頭所述。

步驟 1：產生各種解決使用者問題的方法

使用便利貼和簽字筆（或任何其他繪圖方法），粗略地畫出或寫出解決方案的想法（一張便利貼一個想法），將其貼在牆上（圖4-10）。有些想法看起來理所當然，也有些想法看起來很瘋狂。把所有理所當然的解決方案寫出來，你可以超越這些可輕易實現的目標，並思考創新的方法去解決問題。確保你沒有自己去編輯這些寫出來的內容；將那些看似不尋常的想法貼出來。你將會從那些瘋狂的想法中，發現某些有價值的洞見，可改善成更加可靠的方法。

這樣的構思練習可以獨力完成，也可以與整個團隊一起完成。如果是一群人一起，當便利貼被貼在牆上時，彼此可以根據其上的想法進行發想接龍。使用草圖作為討論的起點，營造正向積極的氛圍。當我開始聽到很多「不」和「我們不能」等負面話語時，我會引導小組進行「沒錯，而且…」（源自即興劇）的正向創意策略。當隊友說了一個點子，你會表示同意，並在其上加上自己的點子，如此持續正向互動；而不去否定隊友的想法。當他們知道不會被潑冷水時，這種策略可以讓每個人都更加自在地分享和提出想法（圖4-11）。

圖 4-10
腦力激盪的構思討論

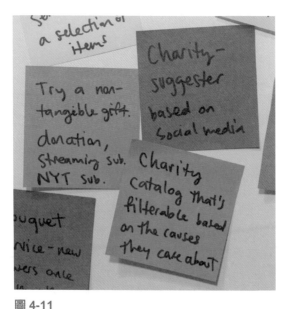

圖 4-11
兩個想法建立在彼此之上

又或者，你可以使用各種不同的「便利貼」軟體，包括 Mural、Post-it Plus 或 Stormboard（圖 4-12），遠端進行此活動。確保所有你的團隊都參與其中，包括設計、開發和業務合作夥伴。讓每個人都加入電話會議，安排一安靜時段讓大家在便利貼上寫下構想，然後再安排討論時段，來回答問題及產生更多想法。

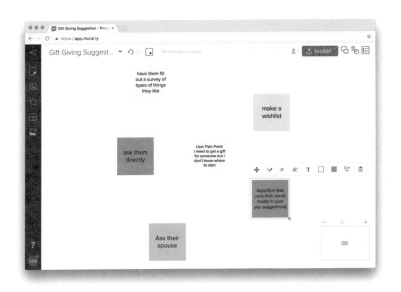

圖 4-12
線上協作軟體是將遠端隊友納入構思討論的好方法

步驟 2：將類似的想法分組、創建分組類別

當你的牆上或網頁上開始充滿想法，在參與者的想法開始放慢後，開始將這些想法依類似的主題或解決方案分組，此為*親和圖*（*affinity mapping*）的流程（圖 4-13）。從這些相似的類別可顯示出最有可能的方向，並提供給你一些開始原型設計的具體想法。過程中，盡量不要丟掉一些歸納在一般類別中的獨特想法。反之，尋找能做出強而有力解決方案的共同元素，並建立獨特構想。團隊成員可以使用貼紙或圓點進行排序的投票，投票看哪些解決方案對使用者最有利。或者你可以對各解決方案的類別進行調查，助於導引團隊前進。

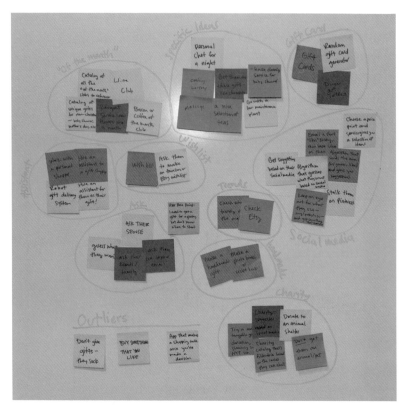

圖 4-13

將便利貼分組到各類別中

在構思過程中，當聽到假設時要馬上記錄下來（圖 4-14），並在之後調查時與使用者提及這些假設要點。你可能會聽到像「使用者想要這個功能」或「使用者將用這個方式使用我們的產品」這樣的假設。如果有人從使用者角度說出十分有把握的陳述，請務必詢問是否轉述自使用者或調查見解，亦或只是基於直覺。由於你處於初始階段，是了解更多有關使用者現在面對的問題的好時機，並找到其他或替代的痛點。在開發投注太多之前，藉由確定這些陳述是臆測的或是有根據的，你將對自己有更信心，因為你解決的是正確的問題。且你將更能與你的團隊想法一致，預防後續問題。

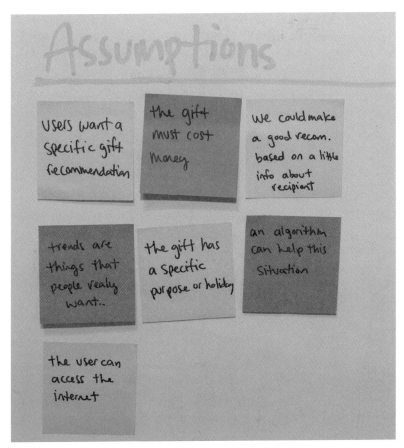

圖 4-14
在整個構思過程中持續紀錄你的假設

例如，假設你正開發一個新的攝影師社群 app，而你的業務相關人員以使用者觀點陳述如下：「我們的使用者最主要的使用案例是發佈照片。」說這是經過調查的結果，所以你就沒有針對此陳述進行測試。但到了開發後期進行較高保真測試時，才發現你的攝影師使用者主要用社群 app 去看、使用他人照片作為靈感。這是極大的使用案例差別，並且會改變你如何去設計使用者流程。若一開始知道業務相關人員所說的使用案例只是一個假設，你將有機會在初期對使用者作一些調查做確認，而不是浪費時間和金錢建造出原型後，才去確認或否定此構想。

除了用便利貼進行腦力激盪之外，另一種思考使用者觀點的方法是 Bodystorming（體力激盪／身體激盪）。Bodystorming 是一種以表演為基礎的構思方式，你的團隊去扮演特定的使用者角色和情境，以了解使用者現在是如何處理他們的問題，及他們對你的新想法會有怎麼樣的互動和反應（圖 4-15）。你可以用 Bodystorming 來演出與實體物件或與數位軟體的互動。蒐集必要的用具，例如便利貼、麥克筆、盒子或紙張，設置出低保真互動性（詳細內容請參閱第五章和第六章）。讓你的團隊演出整個使用者流程並錄下整個過程。根據互動時的感受反應、進行些微變更、改善和變化當下所需原型，並再次嘗試演出。這種方式非常適合用來嘗試瘋狂的構想，因為這樣的測試門檻很低。有關 Bodystorming 的更多資訊或詳細說明，請查看 Gamestorming（O'Reilly）一書。

圖 4-15

Unsworn 在實體空間中設置了虛擬的火車車廂來測試想法（圖片由 Flickr 用戶 Unsworn Industries 提供）

舉例來說，可以 Bodystorming 進行一個線上購物體驗，藉由設立一個實體商店，來看人們如何與貨架上不同陳列方式的物品互動，或看他們如何結賬。這樣所得的見解，可轉化為使用者線上購物的互動，但情境更熟悉，因為它是基於現實生活中的互動。

步驟 3：根據你的優先順序決定前進方向

查看你排序後的解決方案方向，決定哪一個或兩個想法要往下走，去進行原型設計（圖 4-16 和 4-17）。對於每一組想法，請留意並寫下其隱含的假設，這些假設為原型設計中需要進行測試的一部分。你可以從這個步驟，直接往下接續到以假設為中心的流程，以繼續將這個想法進行原型設計。

圖 4-16
你可以使用點點貼紙以票選最佳想法

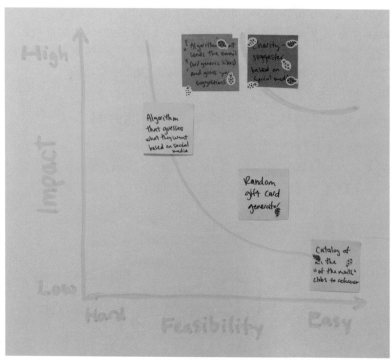

圖 4-17
或你可以用優先順序圖來決定要走的方向

在這樣的練習期間和之後，請務必重新審視你為使用者解決的初始問題，並確定這是否是正確待解決的問題。你是否發現其他替代的問題，對使用者影響更大？你是否發現不同的問題解決方向，而這樣的方向更易於實施並對使用者有更大影響？你的解決方案是否與你原先預期的完全不同？

請與整個團隊一起討論這個流程（若團隊未曾參與構思過程），並簡報此結果給你的利害關係人，以幫助團隊決定如何前進。文件化是以探索為中心這個流程的必要部分。在測試了最優先的想法之後，如果需要不同的方向，你要能回頭參考之前的紀錄。你不會想無謂的重複，因此請確保你的團隊可以隨時查閱你曾完成的流程成果，並從中有所得。我的團隊建立了一個雲資料夾，來保存我們的構思作品（腦力激盪便利貼、分組、解決方案優先順序排列的照

片），我們也保存很多調查和設計成果在內部 GitHub Wiki 中，可讓開發和業務團隊進入查看。

以受眾為核心

為了溝通而進行的原型設計流程，特別重視受眾，而他們也是你在溝通上最想成功跨越的目標。此流程可在產品開發過程中的各階段，對各種對象進行溝通。目標是讓你的設計能被理解，以獲得同意、獲取回饋、或在決策或執行時能達成一致。任何時候你與某人溝通時，原型可以幫助讓對話聚焦，並提供談話時的一個具體實例。

步驟 1：決定你的受眾、目標、和保真度

在整個專案裡，你將有各種受眾和目標。首先從你將與誰對話，以及為什麼要與其交談思考起。你會跟其他設計師討論以得到回饋？要獲得利害關係人同意？向客戶銷售此概念？向開發人員說明最終的設計？

了解受眾的背景，以及了解他們對你產品的已知程度是極其重要的。設定不同的情境說明給不同的受眾，以幫助他們理解你的想法。

設計師

　　向他們尋求回饋、支持、評論和構思是很好的。

利害關係人

　　從他們身上獲得設計方向同意、進度確認、並確認滿足商業需求。

客戶

　　與利害關係人類似，他們需要進度確認以確保你有按計畫執行，在此之前他們需要熱衷於你的想法，才有可能在之後與你簽訂合約。

開發人員 / 工程師

在整個設計過程中向他們詢問可行性的輸入是很好的，並將最終設計決策傳達給他們，以便他們可去創建產品。

而你的目標，可以是獲得設計決策的贊同、獲取特定互動區域的回饋、或以更易於理解的方式顯示功能。「要獲得其他設計師回饋」為目標所需的原型，跟「要說服客戶或利害關係人你所選的方向」為目標所需的原型截然不同。請決定你想從這次溝通獲得什麼。選擇單一目標和單一受眾；否則你傳達的訊息將會是混亂的。

根據所選的受眾和目標，去選擇所需用語和視覺樣式。若對象是設計師，你可用較非正式的方式，把情景設定好、說明清楚你所期望的回饋；否則，當你需要他們幫忙導覽流程時，結局卻是在討論字距，像是身處不同時空一樣。

若對象是利害關係人和客戶，你將需要使用商業用語，像是上市時間、獨特價值主張，以及用實際可量化數字呈現設計任務的價值（圖 4-18）。若對象是開發人員，你則需要討論架構、程式庫、性能預算（performance budgets）、以及去哪裡上傳軟體等問題。

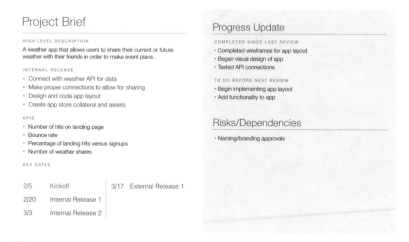

圖 4-18
與利害關係人溝通時使用正確的用語

最後，選擇所需的保真度：

設計師

設計師可以理解低保真度的原型，提供想法和概念的回饋；也可以評論較高保真度的成果，以幫助改善細節，使體驗更好。選擇適當保真度，導引出你想要從他們身上所得的回饋類別。

利害關係人

利害關係人可以理解低保真度的概念、使用者流程、初期意見一致；以及解決方案和後續工作的中到高保真模型或原型。請確保你有設定讓他們的期望在正確的方向上，包含現在在流程的哪個階段、還在進行中的工作（例如視覺、互動或版型），以及你確信到下一次簡報前會有的變化。中保真原型通常是最好的選擇，因為它表明作業仍在進行中。

客戶

客戶需要以實際的方式，透過中到高保真原型去理解你的概念。向他們展示，你的想法在他們現有品牌和風格上是可行的。你可能要展示一個可讓他們去互動的中保真原型；及一個高保真視覺的模型，讓他們看看此產品與其他產品一起陳列的樣子。持續讓他們知道未來工作進度，及你將呈現的成果及原型展示。

開發人員 / 工程師

開發人員 / 工程師可以理解低保真度的呈現，但若能提供中到高保真原型，此時他們更能了解程式或工程執行的難度，也就能提供最好的可行性回饋。高保真對於溝通最終設計決策是必要的，不要在開發作業中遺漏這一塊。

例如，我正在設計一個天氣的 app，我的受眾是業務相關人員和執行設計的工程師團隊。我以低保真度做了幾輪構思和設計。當我準備要將這個想法展示給整個團隊時，我決定將目標設定為：讓業務相關人員同意設計方向，及獲得工程師對於設計可行性的回饋。因此，為了這樣的受眾和目標，我決定建立一個中保真原型（圖 4-19）。

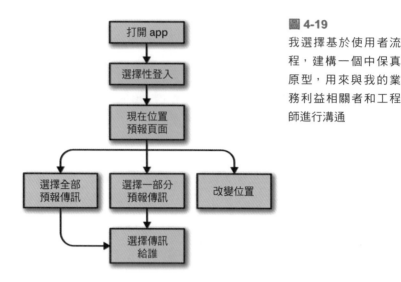

圖 4-19
我選擇基於使用者流
程，建構一個中保真
原型，用來與我的業
務利益相關者和工程
師進行溝通

步驟 2：你的原型需要有什麼才能達成目標？

你需要做的下一個決定是：原型中要有什麼以進行溝通、達成目標。功能性上是否需達一定程度，或只要基本可點擊的線框即可提供足夠資訊？你是否需要溝通具體、複雜細節，或只是主軸方向？

如果想得到設計師的回饋，你可能不需要完整使用者流程；反倒是，提供問題背景、展示你需要他們幫忙的地方。即可獲得使用者流程本身的回饋，或 app 或產品的體驗。

如果是要得到利害關係人或客戶的同意，則你需要展示產品的大部分使用者流程和完整體驗（圖 4-20）。這樣，他們才能更了解設計方向，以及你做出某些決定的原因。

如果是再開發，你的目標將是產品中假設可行但尚未確認的部分。動態和動畫，是你需要與開發人員溝通數位產品內容的一個範例（圖 4-21）。而預期的感測輸入和輸出，則是實體產品內容的一個例子。請確保包含足夠的細節，以便你的開發人員或工程師，不會在最後一刻才意外得知額外需求和功能。

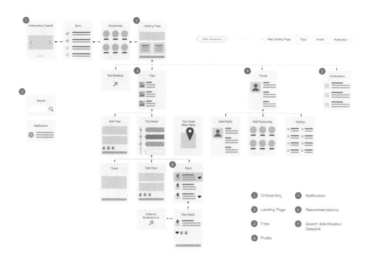

圖 4-20

對某些利害關係人運用較高保真的使用者流程（在深度和廣度上），通常是一個不錯的選擇（圖片由 Sushi Sutasirisap 提供）

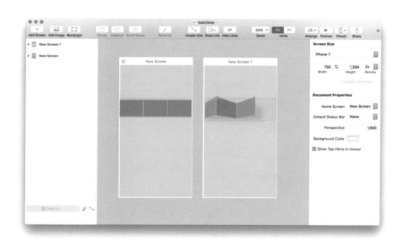

圖 4-21

儘早向開發人員溝通動態和動畫是非常重要的（圖片由 Flinto.com 提供）

以我的天氣 app 為例，我將需要加入真實內容（像是溫度、雷達圖和濕度）、互動說明、以及完整使用者流程。藉由創造一個較完整的原型，我能夠依此與利害關係人據實討論業務影響，及與工程師討論開發的可行性。

步驟 3：向你的受眾展示原型

展示原型最好的方式是說故事，說明你以使用者人物誌所建立的使用者流程。在簡報開頭提供足夠背景情境資訊，使受眾了解簡報的目的。如果你需要特定互動的回饋，請提出來 如果你是要在使用者測試之前得到利害關係人的同意，請明確說出你的需求。你提出的需求越明確，你越能去設立受眾的期望，則你的簡報和回應所得的助益越多。

簡報後，將你收到的回饋明確紀錄下來。當然，不是每一個意見都會有助益，但透過大家集思廣益，找尋其中所蘊含的智慧，可以幫助你讓專案前進。如果你的簡報達成了既定目標（回饋、核准、或以簽署的合約），儘可視此為成功，繼續依你的見解前進。

以天氣 app 為例，我收到了一個回饋，若要製作 app 上的動畫會耗費許多時間，可能無法於原定時程完成。由於利害關係人和開發人員有共同與會，我們便將發行日期推遲了幾週，使有足夠時間去開發。讓所有相關人員共同參與原型展示會議，可使團隊協調一致，我能獲得業務利害關係人對設計的核准，也同時從工程師那裡獲得關於工作如何執行的回饋。

以假設為核心

測試以假設為中心的原型，是為了去改善想法和產品。它的基礎可為假說、問題或假設。假設有時是籠統的：「使用者能夠從 app 找到自己要的功能，並透過 app 介面完成任務。」，有時非常具體：「使用者可以整天佩戴新的智慧物件，且不會覺得困擾。」

這樣的流程可能很快，也可能需要很長時間，具體取決於測試該假設所需的保真度和互動性。你有可能在一天內完成兩輪迭代測試，也有可能需要整個 sprint 週期或更長時間，才能建構出要測試的原型。

步驟 1：確定你的使用者、他們遇到的問題、以及你需要測試的假設

與其他流程類似，從明確定義的使用者及其問題開始。再根據使用者流程或之前原型設計的結果，寫下你這次要聚焦的假設，依照這些假設來創造出所需原型（圖 4-22）。如果你有太多假設，或者它們之間沒有關聯，請將流程分拆，去創造多個原型，讓你一次只聚焦在一個面向上。

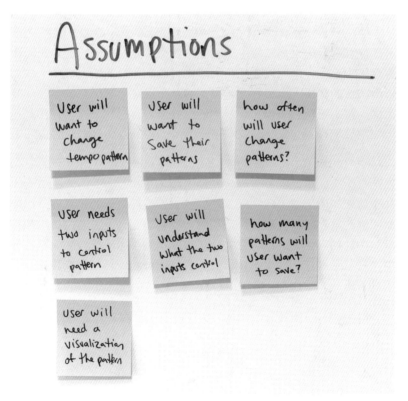

圖 4-22
檢視你的假設，決定哪些是你需要測試的

這個方式同時適用於數位產品和實體產品。如果你想使用多種型式的電子輸入和輸出（例如脈搏感測器和觸控螢幕輸出），則你需要在組合前，單獨測試個別零組件，發展出各自的程式碼及個別零組件的運作。

舉例來說，Tempo 是我之前提到的穿戴式觸覺脈動裝置，我為Tempo 設計了各種不同程度的測試。Tempo 會在使用者的手臂上傳送緩慢、穩定的律動模式，以幫助提神或提高工作效率。其中一次原型的設計，我用它來測試一個假設：使用者知道如何去控制和設定裝置上的律動模式。以下每個步驟中我將介紹這個原型是如何被設計及被測試的。

步驟 2：根據你的假設和在產品開發中的哪個階段，選擇一個保真度等級

選擇保真度看起來很困難，但它能幫助你的原型在你所處的開發流程階段中定錨。你可以在任一階段進行測試，一開始、中間、或靠近發布日的時候，但最好及早進行測試，以免太遲以至於無法改變之前。特定類型的假設（像是你的假設與內容相關、與導覽相關、與完整流程相關、或與個別任務相關），其實也在告訴你應選用的保真度。

總的來說，如果你處於流程較初期階段，正在改善大方向的概念，像是導覽、使用者流程、基本功能等，則選擇較低的保真度，以便讓回饋的重點能放在用語、流程版型和基本互動上。若在流程較後期，由於內容更完整或智慧物件更複雜，你可以建構較高保真的原型，將重點放在細節上，像是使用者的理解、任務的完成和視覺的設計（表 4-1）。

表 4-1　你的保真度等級，取決於你所測試假設的範圍和類型

保真度等級	低	高
假設是關於…	• 大方向概念 • 導覽 • 用語 • 使用者流程 • 基本功能 • 使用者是誰	• 任務的完成 • 使用者的理解 • 高保真導覽 • 視覺設計細節，像是圖示和字體排版 • 內文

你也可以決定你要著重哪些保真度面相。如果你的假設需要完整的使用者流程，則你將需要較高廣度的保真度。然而，如果你的假設基於 app 中的某一個功能，則需要有深度的任務流程。另外原型的資料模型和內容，能大幅地影響使用者看到的情境，因此當你選擇保真度等級時，請確保包含真實文字內容、圖片、和智慧物件輸出（如燈光、文字回應和觸覺回應）。

以我的 Tempo 為例，因在流程初期，我知道我需要一個低到中保真的原型。變更和做出新律動模式的功能，將從智慧手機 app 去設定，但現階段，我還沒開始使用智慧手機的介面。所以我決定做出該互動的類比版本，將電位器（有刻度表）連接到微控制器，而振動馬達作為輸出（圖 4-23）。用這種方式，使用者可在不碰智慧手機的情況下，更改與律動模式相關的兩個變數（此為待討論的假設）。

圖 4-23
中保真麵包板原型，帶有可控制輸出的電位器

步驟 3：決定你應該做的測試類型

根據你的假設和你所用的保真度等級，選擇你將需要做的測試類型。若是較低保真度、概念性的假設，則可能會運用卡片排序或基本點擊等類的測試。如果你對特定互動點有多個想法，則可能要進行 A / B 測試，這需要多個版本的一樣原型。如果你要測試 app 或智慧物件的功能性，則你要使用以任務為主的測試，來看使用者是否以你預想的方式完成任務。

測試類型和原型保真度，互為雞生蛋蛋生雞的關係，知道了保真度則可知測試類型，反之亦然。隨著你原型設計的經驗越多，你將能直覺地知道這兩部分如何協同作業。

一旦你決定要進行哪種類型的測試，請先花一點時間寫下調查計畫。我將在第七章對調查研究作詳細介紹。調查研究計畫從假設和測試目標開始，接著提出你欲測試的使用者類型簡介及一些建立型問題，最後說明要讓使用者執行的任務、和執行任務後使用者要回覆的問題。在建構原型之前或建構期間寫下此計畫，你將可確保你所建構的功能和畫面，正是你所需要用來測試該特定任務的。

以我的 Tempo 為例，我決定要替欲進行的測試建立一個調查研究計畫。於是我寫下了目標、使用者簡介，及建立了要使用者完成的任務（圖 4-24）。

步驟 4：建構出所要的原型

當保真度等級選好，調查研究計畫也寫好後，就可以開始建構你所需的原型去測試你的假設。我將分別在第五章和第六章，詳細介紹如何為智慧物件和軟體建構不同等級的原型。請銘記什麼是你要完成的，確保不要讓原型的範圍在不知不覺中增加。只建構足以測試你假設所需要的原型。

不要忘記，在這輪測試後，你可能不會再使用這個原型，特別是你已依測試後所得見解，迭代地改變了設計。除使用者測試外，不要過於依戀特定原型。一旦原型達成其目的，確保你可以自在地捨棄該原型，因你已從使用者測試中獲得見解。

Tempo 調查研究計畫

目標和假設

- 確定使用者能否創建出新的節奏模式
- 了解使用者如何創建、保存、使用各模式
- 確定模式需要一個或兩個輸入

使用者簡介

- 科技業的年輕專業人士，絕大多數用電腦工作，易分心於社群和虛擬網路世界
- 會從事各種活動的使用者

建立型問題

- 姓名
- 工作描述
- 在工作時間或一天中，分心的頻率？
- 分心的主要原因？
- 你目前如何處理分心的狀況？

任務

- 你正在工作並試著專注於完成某任務，在此狀況下，你會如何創建出脈動模式以幫助你保持專心？
- 你正對一大群人進行演講，在此狀況下，你會使用何種脈動模式？
- 工作以外，你在其他活動上使用了 Tempo 臂帶。在哪些活動你會使用 Tempo？且會為了該活動創建出脈動模式？
- 任務已完成，你於本次體驗中覺得最好和最不好的地方分別為何？
- 你對 Tempo 融入你的生活和活動中，有何看法？

圖 4-24

Tempo 的調查研究計畫，包含目標和任務問題

以 Tempo 為例，考量了功能和尺寸後，我選擇了 Arduino Micro 作為微控制器。加上兩個振動馬達作為輸出，兩個電位器用於輸入。然後我將它們全部焊在一起，再將輸出馬達縫入臂帶中（圖 4-25）。臂帶的品質在這次測試中不那麼重要。從臂帶連到微控制器、明顯可見的電線也同樣不那麼重要。只要使用者可以順利用那兩個刻度表去變更模式，我的原型就算成功了。

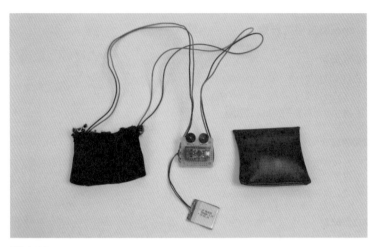

圖 4-25
中保真的 Tempo 測試原型

我其實可以花更多時間，去製作一個更美觀或無線的模型，但它只會得到相同的結果。於是我選擇去製作一個快速粗略的原型，讓我能更快地進入下一個假設的測試。

步驟 5：測試你的原型

完成原型後，不管是在螢幕上或麵包板上，你已準備好開始去做使用者測試。找到測試進行時所需的人員和工具。總體來說，當你向使用者詢問問題，並說明任務時，你最好要有一名幫手為你做筆記。若能取得同意，你可以用相機或直接用螢幕錄製其互動過程，以便之後可重新檢視測試過程、寫下自己觀點的記錄，或可作為向利益相關者展示時的支持性證明。

在測試過程中，不要遺漏太多看似無幫助的紀錄。若使用者偏離「快樂路徑（happy path）」（或偏離預期完成任務方式），請紀錄下來，且不要太快去引導他們。因你可能會從他們的預期中，獲得具有見解的資訊。保持中立面孔，不要有口頭上肯定或否定。不要讓使用者覺得有正確和錯誤的答案（即使真的有），因為你可以從他們偏好的互動中有所得。去使用一些延續性問題，像是「你本來

期待有什麼會發生？」、「整個體驗中，你最喜歡和最不喜歡的兩件事是什麼？」。目標是讓使用者在測試結束後說出整體體驗感受與想法。

如 *Just Enough Research* 書中所建議的，進行至少 4-8 人的測試。這樣的測試數量提供了你足夠資訊去發現一些模式。然而，若結果中沒有出現模式，且不同使用者有截然不同的反應，請額外增加一些測試去確認。

彙整你從所有測試中所寫下的筆記，依照使用者相似的疑慮或問題，將其群組起來。寫出每個群組的類別，看看它帶給你的新見解。你要如何解決其中的問題？對於這些新的問題，可腦力激盪出幾種不同解法，再使用新的原型和研究計畫，重複整個流程以測試你的新假設。

對於 Tempo，我找了各種不同類型但符合使用者簡介的人，來測試原型（圖 4-26）。我也試者找不同年齡層和職業的人來提供回饋。又因需要一些來自我人際網路之外的人的回饋，所以我去了本地的瑜珈聚會，做了幾次攔截訪談（intercept interview）。

圖 4-26
使用者正在進行 Tempo 原型測試

我得到非常有幫助的回饋，且顯示出產品的成功跡象。對大多數使用者來說，這兩個刻度表是可理解的，且他們能夠根據我提出的任務去調整脈動模式。我注意到不同的活動有其獨特的步調，而使用者會調整脈動模式去適應該項活動。我問他們在日常生活中將如何使用該裝置，獲得許多與眾不同的答案，也開啟了許多裝置的新使用案例可能性。其中較令人驚訝的兩個用法，其一為使用者用作腕隧道保護套，以減緩疼痛，其二為演奏鼓時作為無聲的節拍器。其他的用法像是，冥想、瑜伽、跑步節奏、和簡報配速。

我另收到了一些回饋，關於振動馬達的感受（有時太強）、和原型上缺少可精細控制的刻度表。基於這些結果，我設計了特定功能的臂帶，可被用在以運動為基礎的活動上或日常使用。此外，我開始設計智慧手機 app，這是使用者最想要的功能，可以更容易去調整和儲存脈動模式。在這輪原型設計流程後，我將所得與之前假設整合，確定了下一輪我需要做的設計和測試。

流程的付諸實行—Etsy 個案研究

現在已看完原型設計時可以使用的不同流程，我將帶你看流程付諸實行的案例。Etsy 為一線上市集，販售手工製品、骨董和工藝素材。他們促進了線上和親自銷售的全球化，目前雇用了 900 多名員工，包括設計師和工程師。

隨著 Etsy 市集日趨成熟，該公司希望擴展業務並使其服務多元化。我與 Etsy 產品團隊討論了他們最近一個專案的原型設計流程，該專案最終推出了新事業的一部分。資深產品設計師 Kuan Luo 和她的團隊，負責設計一個名為「Pattern」的新產品，這是一個給 Etsy 賣家用的網站客製建構工具（圖 4-27）。

「Pattern」的目標客戶，是在 Etsy 上已有商店但尚未有個人網站的 Etsy 賣家。Kuan 的團隊假設會有這樣問題的一部分原因，是由於時間限制和實務知識缺乏。他們從使用者研究開始，以驗證這個假設是否正確，並希望能更了解這些使用者真正的問題所在。Kuan 和研究團隊對不同類型的許多 Etsy 賣家進行了訪談。她到他

們的工作室拜訪，在這樣情景下詢問，更能感受他們的品牌美感（圖 4-28）。她的團隊額外考量了 Etsy 賣家的人口統計數據，以了解更大多數的賣家。

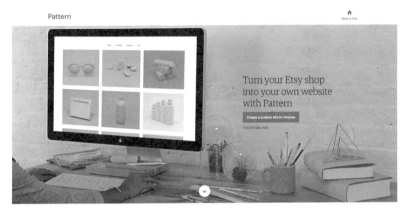

圖 4-27
Etsy 的網站客製建構工具「Pattern」

圖 4-28
研究團隊拜訪了賣家的工作室，以了解他們的品牌美感

Kuan 及其產品團隊已知道,決大多數的賣家是女性,她們用 Etsy 作為其部分收入來源。採訪賣家後主要所得見解是:時間的確是他們最稀缺的資源,且他們希望對其商店、網站呈現出的品牌感受有更多控制權。這證實了他們的第一個假設,即時間限制確實是一個主要問題,但亦映照出另一個新痛點——品牌美感。Etsy 現有的商店頁面僅有少數可客製化的區域,網站本身也有自己的品牌美感。這種簡潔、乾淨、亮橙色和白色的風格,並不完全符合賣家所想或喜歡的個人品牌美感。

其中一位女士受訪者,她出售手工製作的皮夾克,品牌呈現出非常黑暗、哥德式的(圖 4-29)。Etsy 的風格不符合她的品牌,她希望能對自己商店的外觀和感覺,有更多的自主權。她不會因此離開 Etsy,因為她喜歡 Etsy 網站的曝光所帶來的工作。但品牌形象是她使用 Etsy 市集的一個痛點。

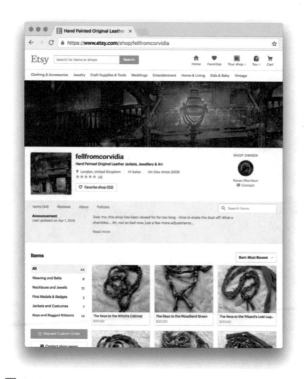

圖 4-29
具有獨特品牌美感商店的一個例子

基於這次的調查結果，產品團隊開始設計一個簡單且能快速使用的網站建構工具，又能讓各個品牌進行一定程度的客製，使具品牌獨特性。Kuan 從寫下初始使用者流程開始，來思考團隊應從事的工作範圍（圖 4-30）。由於一開始該專案團隊只有 10 個人，他們的任務困難在於，決定如何去測試這個想法，又不讓範圍失控。團隊不想跟 Squarespace 等網站客製公司競爭，但他們確實希望為其客戶提供客製工具。

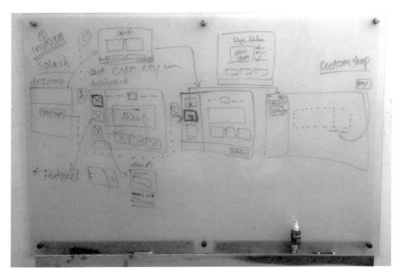

圖 4-30
Kuan 建立了一個初始使用者流程，來確定她原型的範圍

使用者流程始於，使用者在 Etsy.com 首頁的 banner 上看到「Pattern」並點擊它，按照步驟走直到使用者完成其網站設置。使用者應進行的步驟完成後，Kuan 回過頭來設計流程中，各個部分的介面，例如選擇網站主題和顏色。基於訪談的結果和對競爭者的調查，她訂出使用者所需、且可達成目標的前四大功能分別為：總體主題、客製化選項、自訂網域，以及可更改頁面內容（從關於頁面開始，並可列出未來的變化）。該工具從現有產品列表中拉出大部分內容，讓它可以快速創建出網站，且讓使用者能運用網站建構工具，編輯和更新內容，在未來發行新版本。

Kuan 快速製作了紙上模型和線框圖來思考版型（圖 4-31）。然後綜合運用了 Sketch 和 InVision，來建構和測試互動式線框。使用者測試前，她經常從團隊間獲取回饋，以幫助設計改善。

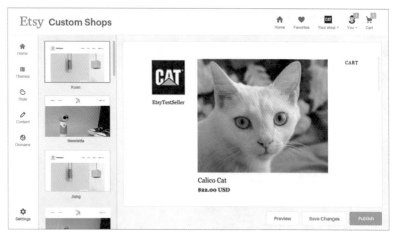

圖 4-31
Kuan 用中保真原型來讓賣家測試，以獲取其回饋

Kuan 沒有用低保真原型來讓賣家測試，因為網站建構工具需有大部分內文，才能讓使用者知道該怎麼做。她建構了一個中保真度的可點擊原型，以獲取有關客製和樣板的回饋（圖 4-32）。她在原型中加入了內文和副本，以幫助使用者理解介面的流程。她在整個專案中，進行了三到四輪的使用者測試並迭代改善。

她從測試中獲得的一個令人驚訝的見解，是賣家想要客製化的程度。起初，產品團隊認為，為使用者提供太多客製化控制選項，會導致網站設計不受歡迎。於是他們減少了顏色選擇和主題以限制客製化程度，保持一定程度的美感控制。然而，根據賣家回饋，希望能完全控制網站的美感，即使這意味著某些客製網站可能會有不尋常的顏色組合。

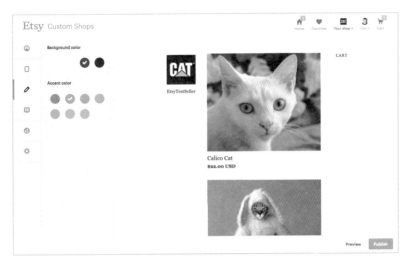

圖 4-32
Kuan 測試了一個有限的顏色選擇器，看看賣家是否喜歡這樣的功能

Kuan 的團隊了解到，對客戶來說，能在客製網站中控制他們的整體品牌體驗甚為重要，特別是由於它是獨立於 Etsy 網站外的介面。於是在該輪使用者測試後，該團隊增加了一個完整的客製顏色選擇器，讓賣家自己掌握他們整體的品牌客製化（圖 4-33）。

圖 4-33
最終的顏色選擇器非常成功

產品團隊於 2016 年 4 月正式推出了「Pattern」（圖 4-34）。他們的新產品迅速被客戶採用並取得了成功，在產品發布後的兩個月內即達到了一年的目標。Kuan 說如果能夠再重來一次，她希望在專案開始時，有更多的設計師參與。這樣她就可以在調查和初步設計上得到幫助，讓產品的開發可以基於更多實證做得更好。她也會更專注於一些互動的細節，並進行 A / B 測試。

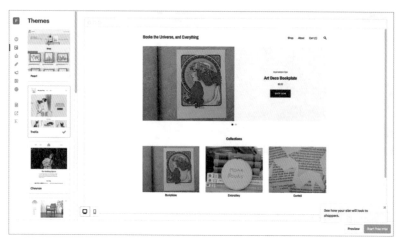

圖 4-34

在最終的「Pattern」設置中，使用者可為他們的網站選擇主題

依照使用者中心的原型設計流程，使 Kuan 的產品團隊能對網站設計工具，進行快速、迭代的測試。讓他們在產品推出前，及時找到讓使用者不想註冊新服務的重大客製問題。最終，由於其付出，他們為使用者提供了更好的體驗，產品也取得了更大的成功（圖 4-35 和 4-36）。

圖 4-35

「Pattern」 的 Dashboard 頁面，提供建議和簡單的上手訊息

圖 4-36

「Pattern 」的網站範本

重點整理

各種原型設計流程是雷同的，但有差異，取決於你原型設計的理由、目標和受眾。藉由去決定這三個要素，你可使用本章節作為指引，幫助你釐清你需要做什麼、以何種順序。為了快點開始，製作「最小可行原型」，去熟悉原型設計。我在產品開發過程中，也使用了其他流程。在概念固定前，就已經開始進行「探索」，以思考各種可能替代方案，並確認你正解決正確的問題。「測試假設」在整個開發過程中，不斷發生和結束，測試真實使用者的想法。你可以用原型，向整個團隊展示你的發現和想法，以得到一致認同並同意專案接下來合適的方向。

運用不同的流程，你可以專注於哪些不可或缺的，並有效地管理你的工作。

為數位產品進行原型設計

軟體和 app 的設計直接影響人們，有著龐大的機會和可能性。網路和活躍的開源社群，實現了軟體開發的平等。它很容易入門，即便僅有文字編輯器，你也能原型設計出可互動、吸引人的體驗。更進一步，一個協同團隊可以創建出可大規模使用的有用產品。無論你是在新創公司或大型成熟公司，藉由對你的數位產品進行原型設計，你將知道如何改進你的想法，使其成為下一個大熱門。

本章的重點在於，如何原型設計出螢幕上的互動、及包含螢幕互動的更大型體驗。我不會講述如何寫程式碼和設計實作，但我將提供你可執行的方法，將體驗原型設計出來，並向業務利益相關者和開發人員溝通設計意圖。

從數位開始

開始進行軟體設計的最佳方法，是找到使用者需求、並跳進去解決它。需求可能是一些看似愚蠢的事情，像是想確切地知道你家何時開始下雨，且想建立一個智慧手機 app 解決方案，一旦偵測到家外面下雨時就通知你。但藉由構思出可解決問題的想法，你將有可測試的假設基礎，且這個想法即是原型設計的開始。

範圍訂定

數位產品原型設計的其中一個難題,是要預防產品和原型的範圍與功能蔓延。這意味著不要積極地試圖用一個介面解決太多事情,並且不讓業務利益相關者在流程後期才增加新功能。硬要說的話,在測試你的產品想法時,你反倒應該要減少功能和互動,直到你創建好核心體驗。你可能需要為了使用者去倡導,防止最後一刻還增加新需求。為了支持你的設計和方向,請務必文件化你的使用者調查,並好好地進行測試以作為日後證明所需。

舉例來說,開發出 Sketch 的團隊,專注於讓軟體的使用者介面更容易進行設計。他們試圖解決設計師於現有產品(如 Adobe 的 Illustrator 和 Photoshop)面對的痛點(圖 5-1)。這兩個產品原本是為了傳統的印刷和圖型設計工作所開發的,但後來被用來設計介面。軟體設計師對 Illustrator 的速度、和 Photoshop 的圖層系統感到不滿意; 它們現有的功能都不適合快速完成工作所需。

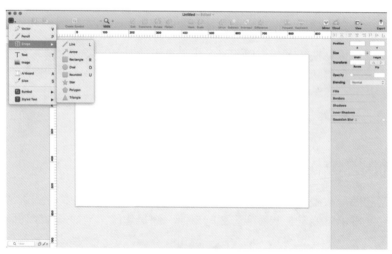

圖 5-1
Sketch 有目標性地訂定他們的軟體設計範圍,以應對其主要競爭對手 Illustrator 的最大痛點

Sketch 的設計團隊準確知道什麼是設計師所需的工具和支援，可更快、更輕鬆去製作螢幕設計。他們設計出了「Symbols」，一旦使用者更改了 Symbols 的某處，整個文件中該 Symbols 就會一起更新（圖 5-2）。Sketch 還創建了一種新的檔案類型，儲存可以更快，並可匯入許多不同的原型設計和動畫程式。

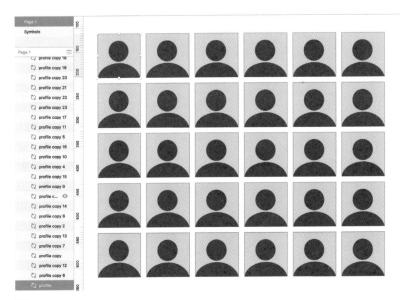

圖 5-2

「Symbols」讓設計師製作出一個元素後，就能在文件中重複使用它，也能夠同時更新

與其自己開發附加功能，他們反倒是鼓勵他們的社群去製作開源的外掛程式，讓外掛可處理更多繁重功能。一個外掛的例子是 Craft，由 InVision 開發出的，它提供了許多功能，像是複製、擬真的假資料、以及與 InVision 同步（圖 5-3）。讓其他公司去開發建構額外功能，使 Sketch 本身不會變得臃腫，且使用者可以自己決定要安裝哪些額外功能。他們的最終產品讓螢幕模擬畫面可以更快地被創建出來，再用其他軟體將其製作成原型。藉由破壞典型的設計軟體產業，Sketch 讓其他公司跟進改善其產品設計和體驗，讓整個市場變得更好。

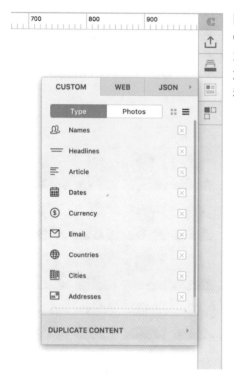

圖 5-3

Craft 是 Sketch 的外掛，為設計人員提供了許多附加功能，像是資料、複製和與 InVision 同步等

數位產品的獨特之處

數位產品的設計主要基於螢幕上的互動，以及現有裝置的不同尺寸和輸入方法。因此數位產品的設計上有一些獨特之處，像是螢幕、響應式設計、不同的互動類型、無障礙性和動畫。

螢幕

軟體與硬體顯著的不同是，它需透過裝有螢幕的裝置來輸出，不是一個可獨立存在的實體產品（圖 5-4）。如果你要設計的智慧物件配備有螢幕可輸入／輸出，即可參考本章來設計他們的互動。螢幕在傳輸資訊的能力上令人驚嘆，讓我們可連接到網路和連接到他人。而創建我們設計所用的軟體，就是在同一個介面裡寫程式和設計。

圖 5-4
數位產品透過螢幕傳遞

如同互動設計師，我們每天都有使用這樣媒介的第一手體驗。你應該利用這段時間，去觀察和學習新的互動模式和設計元素。但可能很容易對 app 和應用程式中過多糟糕的使用者體驗，而感到困擾。如果你發現了令人沮喪的體驗，請思考是否有不同方式可去改善，將那樣認真推敲的分析帶入你的實際工作上。

此外，每當你使用螢幕上的程式或網站時，請自問是否知道自己所在、以及哪裡可以繼續下一步驟。會這樣說，是因為導覽（Navigation）是螢幕上的流程的重要元素，而了解如何指示使用者所在和下一步，將有助於你的日常工作。

螢幕也有其局限性。由於螢幕尺寸和二維的關係，互動的區域是有限的。你可以在介面表示出三個維度，但除非是要去設計虛擬或擴增實境介面，不然我們就只能偽造設計中的深度。偽造的方式也是有一些選擇。你可以用 z-index 將你的互動程式碼加上深度，各層元素在彼此的前後（圖 5-5）。你也可以將你的介面像 Google 的 Material Design 系統那樣堆疊，以表示元素的深度和重要性（圖 5-6）。

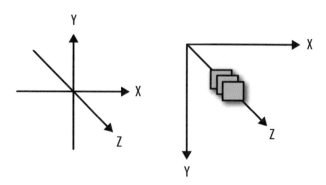

圖 5-5

你可以用 x、y 和 z-index 進行設計

Do.

Softer, larger shadows indicate the floating action button is at
a higher elevation than the blue sheet, which has a crisper
shadow.

圖 5-6

Google Material Design 使用層層堆疊來表示深度

當你為螢幕上的互動進行原型設計時，最好用實際螢幕的形狀、大小或媒介去模擬。數位產品的最終媒介，是由瀏覽器或電腦所執行的程式碼。你必須在流程中用實際媒介去測試你的想法，但在你將想法撰寫成精確的程式碼版本之前，你可以透過紙張或其他方式去模擬螢幕畫面。

響應式設計

當你設計電腦軟體或企業軟體時，你知道此程式將在桌上型或筆記型電腦上使用，通常在辦公室內使用。但如果你的軟體或 app 是在網路上，它不僅可以在**任何**裝置上使用，而且幾乎可以在任何能使用智慧手機的環境下使用。

如果你正設計網路上的數位體驗或智慧手機 app，則必須是行動裝置優先（mobile-first）且為響應式的。智慧手機的瀏覽在過去幾年呈倍數增長，並在 2014 年超越了桌上型電腦瀏覽[1]。考慮到這一點，製作各種螢幕尺寸的原型至關重要，最好能製作響應式原型，用來同時測試電腦和行動裝置的體驗。

行動裝置優先的設計，意味著需先思考如何讓你的產品可套用在很小尺寸的螢幕上，以及其媒介帶來的限制。行動裝置的瀏覽器，無法載入所有你在電腦上能使用的第三方外掛。你的目標是設計出讓小螢幕使用的最佳體驗，然後再慢慢增強該體驗至更大尺寸螢幕上。

另一與上述類似，是從電腦螢幕的設計出發，再裁適至較小螢幕的設計，此為優雅降級的流程。使用者可明顯看出行動「版」是後來才被考量的。這就是為什麼我們有這麼多糟糕的行動版網頁！ 這種情況通常是用較少時間專注於創造最佳體驗，且一旦運用特定外掛去開發電腦版介面後，它們無法套用於行動瀏覽器上。

藉由重構從降級到增強的問題，你知道要先專注於在最多限制下作出最佳體驗，藉以實現更好的設計。然後當要套用在電腦瀏覽器上

---

1 Mary Meeker，〝2015 網路趨勢報告〞，2015 Internet Trends——Kleiner Perkins Caufield Byers, May 27, 2015, *http://www.kpcb.com/internettrends*。

時，你才去增加額外的、枝微末節的特性和功能。又或是你發現這樣的作法可創造出更好、更聚焦的產品，且最終可省去在行動裝置上不起作用的額外特性。不管採用哪種方式，你都將進行原型設計並製作最佳產品，讓使用者無論用哪樣的裝置都可讀取你的產品。（圖 5-7）

優雅降級

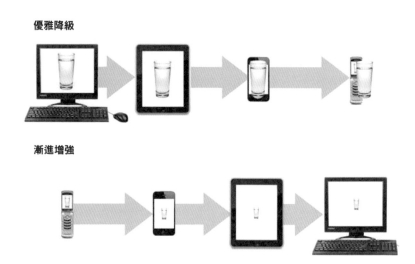

漸進增強

圖 5-7
電腦優先的優雅降級（graceful degradation）與行動裝置優先的漸進增強（progressive enhancement）（圖片由 Brad Frost 提供）

響應式設計代表著當你放大瀏覽器視窗或裝置尺寸時，將略為改變排版和設計，使得每種螢幕尺寸下都能看起來和運作起來最好（圖5-8）。要做到這一點，你要從當放大螢幕畫面時，設計會被切斷且看起來很糟的地方，選出斷點（breakpoint）。在每個斷點，你對排版設計進行微調，使在任何裝置上都能呈現良好的體驗。當你決定斷點後，請嘗試依那些斷點去建構原型和進行測試。這樣一來，無論螢幕大小如何，你都可以確保你的排版是可行的。

更多資訊，請查看 Luke Wroblewski 的「*Mobile First*」（暫譯：行動裝置優先），和 Ethan Marcotte 的「*Responsive Web Design*」（暫譯：響應式網頁設計）兩書。

圖 5-8
響應式設計是在各種尺寸變化時，建立斷點、改變排版，使其保持在最好的
狀況

盡量不要在行動裝置、平板和桌上型電腦上建立「標準斷點」。去
預設這三種產品標準尺寸這樣的想法是錯誤的，因為每個產品類別
中各有數百種不同的螢幕尺寸（圖 5-9），且行動裝置和平板的畫
面還可以旋轉。若能讓你的產品依瀏覽器大小縮放，並選擇適當
的斷點，無論使用者使用何種裝置，你都能確保讓他們獲得良好
體驗。

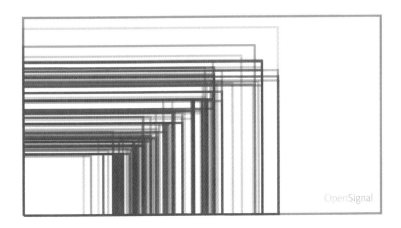

圖 5-9
光是 Android 產品的螢幕尺寸就有這些矩形所示這麼多（圖片由 OpenSignal
提供）

此外，響應式設計亦與你所要顯示的資訊、及你所要加入的互動形式有關。隨著螢幕空間的增加，可以加入的瀏覽器外掛越多，你越可能加入更多有趣的動態和互動（圖 5-10）。

目標是不去減少內容或互動，讓小螢幕使用者仍有完整的體驗，但在較大螢幕加上所需其他附加部分。

圖 5-10
漸進增強是在尺寸和外掛可行時，去增加附加部分的體驗

你會需要用不同等級的原型，對斷點進行原型設計並測試，以便最好地了解使用者如何與其互動。以中高保真原型來說，可以輕鬆建構小螢幕和電腦版本的線框圖，並使用 InVision 這樣的程式將它們製作成快速可點擊的原型。

在設計螢幕時，尤其是小螢幕，還需要考慮一些其他因素，即字體排版（typography）和懸停互動（hover interaction）。你的內容必須在較小的螢幕尺寸上仍清晰可辨，建議最小的字體大小為 16px 或 1em。如果能將字體大小保持在前述尺寸或更大，你的使用者則無需經常放大螢幕畫面，且你更能控制他們如何觀看和與你的設計互動。此外，由於目前還沒有方法可以在行動裝置上採用懸停，因此請務必思考用其他方式來顯示提示框（tooltip）或背景資訊。例如使用點擊方式來打開和關閉提示框。若不使用懸停，確保你的按鈕和可點擊元素可與靜態元素有所區別。

設計各種互動的形式

設計行動裝置和螢幕時，同時要考量其伴隨的觸控和語音的互動設計。Josh Clark 的 *Designing for Touch*（暫譯：觸控的設計）是一

本關於觸控設計很好的參考書。他深入研究了觸控螢幕的人體工學、元素的大小、以及如何使手勢更直覺且能被找到。要對設計的這些部分進行原型設計和測試，你需要巧妙地運用紙上原型，或者儘早投入軟體開發，使能在真實裝置上進行測試。

以下是一些常見的手勢，以及如何在紙上原型表現它們（圖5-11）：

觸擊

一般點擊或選擇時使用，例如按鈕。要點擊的部分用不同顏色或像連結的下底線，來標示它們確實是按鈕或可點擊項目，點擊後會依照所設定的動作進行下一步。

雙觸擊、縮放

通常用於縮放。對螢幕可縮放部分製作放大紙樣和縮小紙樣。當使用者雙觸擊或縮放時，將紙樣切換。

拖曳、滑動或拖動

用於頁面捲動或將通知移除。用一張長的紙，你能從視窗往下拉，來表示長的頁面，另把通知一層層地放在原型上，以便你可以輕鬆地將它們拿掉。

雙指、三指或四指滑動

可引發許多很不一樣的事情。先決定滑動後會發生什麼，為每個不同情境準備另外的螢幕畫面，以備使用者嘗試這麼做時用。

雙指點擊

用來縮放，或在 mac OS 中用來打開「右鍵點按選單」。縮放的表示方式請參閱上述雙觸擊、縮放的說明，或者準備右鍵點按選單放在框架旁，以備使用者「右鍵點按」時用。

雙指按壓並旋轉

讓元素與框架分開，以便可以旋轉它，或就讓使用者自然地旋轉它。

重壓（*iOS* 上的 *3D Touch*）

會引發打開額外的選單。準備可快速彈出的選單或內容預覽，
以便在使用者重壓時放入框架。

長按並滑動

選起並移動。把可移動的物件用可分開的紙片表式，讓使用者
可拖移。

從頂端下拉

選擇你要用這個動作表示什麼，可顯示更新後的螢幕畫面（如
Snapchat）或展開其他選單（如許多網站）。

邊緣滑動

準備好選單或其他螢幕畫面，以便你可以將它們放入框架中。

圖 5-11
在著手建構或寫程式前，你可以用低保真度原型來測試手勢（圖片由 Flickr
用戶 Rob Enslin 提供）

相較於電腦，在這些有螢幕的行動裝置產品上，你更有機會輕易用語音輸入和音訊輸出作為互動。例如，如果你正在設計對話助理，則可以建構對話原型、視覺化顯示它（圖 5-12）。你可以在測試中，使用 proxy speaker 和 play-testing，原型設計出這些互動。

在你的使用者測試中，你可以讓測試助手扮演對話助理的角色，口頭回覆使用者的問題，並同時地在紙介面上寫下對話，替代對話從螢幕畫面跑出來的樣子。在較低保真度的情況下，你可以讓使用者在沒有紙介面的情況下直接與你對話，提供他們可選擇的提示清單，和預設助理會提供的回應。無論哪種方式，你都是在建構真正的會話引擎之前，先去測試這新的互動形式，以避免無謂的投入。

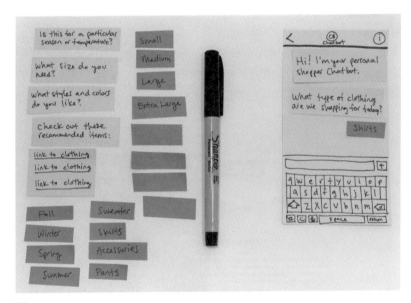

圖 5-12
對話的紙上原型介面

無障礙性

當設計軟體、Web app 或智慧手機 app 時,你應該考慮各種類型的
使用者。無障礙性(Accessibility)是指設計一個任何人都可以去
互動的介面,無論他們使用的裝置或輔助科技為何,或他們的能力
程度。一些常見要考量的設計,包括具有視覺、聽覺、肢體、言
語或認知障礙的使用者;有色盲的使用者;和使用輔助技術的使用
者,如螢幕閱讀器和可鍵盤操作。

對於視覺障礙和色盲,你的設計和原型,則要去測試你的對比度和
顏色選擇,你可以使用對比度工具(*http://bit.ly/2hMgVo6*),如圖
5-13 所示。對比度是一種量測,去比較畫面上文字與其背景顏色
的對比。為了讓視力較差和色盲的人能夠閱讀你產品上的內容,你
需要確保對比度夠高。字體粗細和大小也會影響對比度,因此盡量
不要用細字體搭配低對比度顏色。確保在更高保真度製作的每個原
型,都有測試對比度。不要等到設計流程尾聲才檢查,因為你可能
需要重新進行視覺設計。

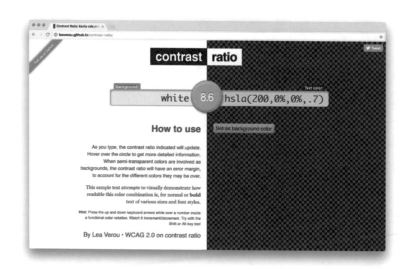

圖 5-13
一對比度工具,助於內容的無障礙性設計

色盲特別會發生在綠色、紅色、和藍色上。最常見的是綠色和紅色色盲，全世界 8％的男性具有某種形式的色盲；女性則較少，總計全世界約有 4.5％的女性具有色盲[2]。盡量避免一些讓色盲困擾的顏色組合；特別是綠色／紅色、綠色／棕色、藍色／紫色、以及綠色／藍色（圖 5-14）。在你的使用者測試中邀請一些色盲或視覺障礙的使用者，尤其在較高的保真度原型時。他們能指出一般視界不會發現的問題。

一般視界　　　　　　紅色盲 Deutan　　　　　綠色盲 Protan

圖 5-14

「一般」視界與在綠／紅、藍／黃色盲眼中的視界

螢幕閱讀器和可鍵盤操作，是使用者與軟體互動的另一種特殊方式。螢幕閱讀器將頁面上的文字和圖像，轉換為合成語音用聲音輸出。全盲或視力嚴重受損的人會使用此功能。原型設計流程中，特別是當你在製作程式碼原型時，至少用螢幕閱讀器運行幾次，聆聽你的這些特殊使用者將如何與你的產品互動。

通常會使用鍵盤操作，是因為肢體障礙而無法使用滑鼠。因此，使用者使用鍵盤上的方向鍵或 Tab 鍵來瀏覽介面。確保讓螢幕閱讀器和鍵盤操作互動有良好體驗的最佳方法，是讓開發人員使用適當的文件架構。用螢幕閱讀器和鍵盤來瀏覽文件架構，找尋對使用者有價值之處。如果你的開發人員創建的程式碼是整潔、具結構性、且對圖像內容有適當的替代，那麼你的使用者在使用上將更順利。

2　「我們是色盲」網站，「快速介紹色盲」一文，*http://bit.ly/2gQYfTW*

有許多最佳案例，說明如何為不同能力程度的人設計和寫程式碼。你可以閱讀「網頁無障礙工具（*http://bit.ly/2gPEhZu*）」上的技術標準。如果能對各種能力程度的人，進行使用者測試是有幫助的，可確保你的設計是無障礙通用的。如果你無法找到特定人員實際去測試，至少用這些最佳案例去模擬和測試你的原型。

Apple 和 Android 在其作業系統中包含著無障礙性工具，讓螢幕可閱讀及增加對比度和字體大小。可嘗試將其打開以測試你的程式碼設計，確保所各種類型的使用者都能讀取你的設計。

要在 Apple 電腦上查看此選單，請到「系統偏好設定」>「輔助使用」。在 iOS 上，到「設定」>「一般」>「輔助使用」（圖 5-15）。在 Android 上，請到「設定」>「無障礙設定」。

圖 5-15

Apple 桌上型電腦和手機上的無障礙功能選單

動畫

實體和數位產品都有許多互動元素要測試，但在數位產品中，動畫和動態是特別要考量的要素。介面上的動態，讓使用者更能理解情景和整體內容。它是使用者操作與系統產出的連結，在體驗中創造出對性能的感受和編排。當使用者在你的產品上瀏覽時，他們會將動態理解為你設計中想表達的直覺性語言。因此它有助於你的使用者建立出對產品的心智模型、性格，並增強品牌識別。切換畫面時所顯示的動態，是將使用者引導到下個畫面重點的一種好方式。

對動畫進行原型設計和測試極為重要，因為它們可能比介面的其他部分需要更大工程（圖 5-16）。在投入開發人員的時間實作之前，你必須確認該動態確實有增進使用者體驗的價值和理解。

圖 5-16
儘早對動畫進行原型設計非常重要，這樣可以讓開發人員有時間去建構它

你可以用多種方式進行動畫的原型設計與溝通。而創造和測試動畫最簡單的方法，是快速做一個分鏡來思考各種狀態（圖 5-17）。當點選行動呼籲按鈕時，螢幕畫面之間會如何變化？你可以用這樣簡單的草圖，與開發人員討論特定動態程式設計的可行性。然而，你可能會發現你的團隊會想了解更多動態的樣子和作用。

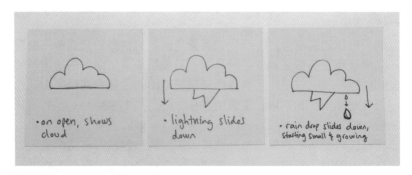

圖 5-17
動畫分鏡是一種很簡單地方式，不需太多技能就可以溝通你的意圖

你可以使用 Keynote 等軟體去製作中保真動態原型。你可能會很訝異，簡報軟體常被挪用來創建 UI 動畫，但這也是一種無需投入太多時間、簡單的方式，去產出和嘗試動畫效果。Keynote 內建了許多動態，也能夠創建自己想要的動態（圖 5-18）。

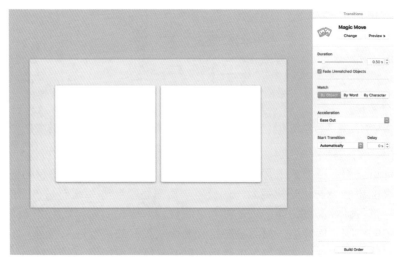

圖 5-18
你可以在 Keynote 中建構動態的原型

大多數 Keynote 中的動畫，你只需要設置開始和結束位置，再使用瞬間移動（Magic Move）過場效果就可以自動建立狀態間的動

作。你可以調整元素的比例大小、放置和旋轉，還可以自訂動作的持續時間和加速。透過使用緩慢移入和移出，動作將變得平滑，你將無法辨別這是簡報軟體做出來的。藉由在檔案加入連接，你甚至可開發出在智慧手機上可用的可點擊原型，再匯出到 HTML 格式。它無法變成最終產品的程式碼，但它足以用於使用者測試。有關使用 Keynote 進行動畫製作的更多資訊，請參閱 Smashing Mag 的「如何在 Keynote 中原型化 UI 動畫（How to Prototype UI Animations in Keynote）」教學（*http://bit.ly/2gPCF1W*）。

你可以使用特定軟體製作更高保真度的動畫，並儲存動畫影片以進行測試或溝通。一些現有的動畫原型製作工具包括 Flinto、Framer、Pixate、Motion by InVision 和 Principle（圖 5-19）。似乎每天都有一個新工具出現，讓你將設計檔案動態化成為使用者體驗。你可以從 Sketch、Photoshop 或 Illustrator 匯入中—高保真線框，並使用內建、可調整的動態設定將其動態化。又或是在投入資源前，使用程式的基本繪圖工具，先建構低保真線框。Framer 的狀況會有點不同，因為它是以程式碼去產出高保真動畫。但如果你的 Sketch 檔案安排的很好，你仍然可以使用它。

圖 5-19

對於高保真較複雜的動畫或動態，請嘗試使用 Flinto（此圖所示）、Framer 或 Principle

如果你對動態設計真的很感興趣，可以嘗試使用像 AfterEffects 這樣功能更強大的工具，深入建構時間軸更精細複雜的動態（圖 5-20）。然後用 CSS 將這些動態轉換為動畫程式碼。你可以匯出特定圖形的 SVG 檔（一種向量圖），並使用 CSS 加工，讓它們變成可以動的動畫。這種類型的動畫，很適合用於載入指標和圖示動態。一旦你更熟悉後，大部分動畫都可以直接撰寫其動畫程式碼，成為你的高保真原型。許多動態可以使用 CSS 去開發，較不影響效能（因為不需要放上圖檔）、載入速度更快。

當你把動畫整合到你的原型中，以進行使用者測試時，關注一下它的介面會如何引導使用者。動態是否提供給使用者正確的情境資訊，還是會讓他們分散對主要任務的注意力？請側面觀察各個頁面是如何被捲動或點入的。這個動態是否會讓使用者疑惑自己在哪裡？當你進行使用者測試時，請觀察使用者在你的 app 或軟體中是否會迷失方向。

圖 5-20
AfterEffect 是個功能強大的工具，專攻於創建客製動畫或動態

所有這些關於動態的情境、載入和表現出的個性等各方面，都是你可以在中 - 高保真原型中進行原型設計和測試的領域。確保你所做的決定是有根據的，而不純粹只是做出一個漂亮的動畫。如果沒有適當地去應用和使用，即使是最漂亮的動畫也會破壞整體體驗。

在動畫和動態的應用上要明智審慎。確保每個動態都具目的性，並對整體使用者體驗有加分效果。有關動態設計更詳細的資訊，請查看 Val Head 的書「*Designing Interface Animation*」（暫譯：設計介面動畫，Rosenfeld 出版）。

進行數位產品原型設計的準備

做些準備，專注在你的原型上，確保它有涵蓋你所需的內容，並對整個流程開展有幫助。花點時間去建立使用者流程，並繪出各種可讓流程實現的草圖。

使用者流程

使用者流程是指人們使用你的軟體或 app 時，如何導覽他們移動到各螢幕畫面以完成其目標。當你定好痛點後，可即去思考各種解決痛點的使用者流程。根據使用者的目標，設計一條「快樂路徑」，或是設計使用者完成其任務最簡單、快捷的路徑。

當你創建好快樂路徑後，你必須對其進行原型設計並測試，以確認導覽是否清楚，且使用者是以最直覺的方式去移動。很多時候，使用者就是能在你的 app 找到一些新的路徑，因而錯過某些功能。透過測試原型，你將能夠改進整體設計，讓使用者只在任務路徑上移動。

使用者流程是訂出原型範圍的好方法。你可以依照特定使用者寫出整個流程，然後選擇流程中最富假設的部分。你會發現若將複雜的互動分解成較小區塊，可以讓你進展更快，且相較於大方向的測試，你能測試更多精細的互動。

例如，如果我正在設計一個社群媒體 app，讓人們分享他們聽到的有趣聲音，我可能會建立一個類似於圖 5-21 的使用者流程。

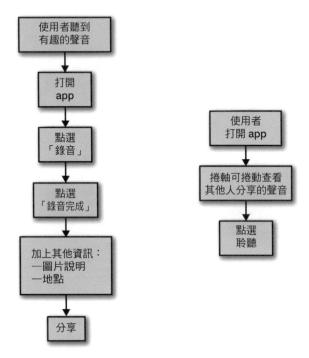

圖 5-21
可分享聲音的社群媒體 app 之使用者流程

然後，我尋找使用者流程中最具風險、最富假設的部分，以便我可以快速將其定為目標並對它們進行測試。於是對於我的聲音分享社群媒體，我要從錄音和分享這兩部分的測試開始（圖 5-22）。一旦我讓 app 這兩部分設計好並測試完後，我就可以再回到其他較標準的部分，例如登入或說明。藉由先解決風險最大的部分，我可以確保我的團隊走在正確的開發軌道上，一旦發現走錯，可以有能力快速轉向。

使用者流程不僅是一個可以排出優先順序的工具，它們是進行原型設計的重要準備。寫下使用者流程（無論是文字、圖表、還是分鏡方式），你可以依此決定你之後要設計和原型設計的互動形式。

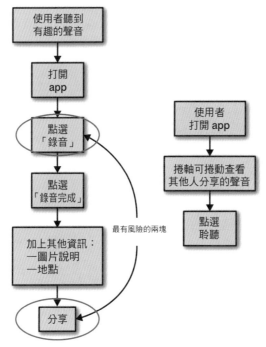

圖 5-22
現在我將原型範圍定義在使用者流程的特定部分

寫下從使用者如何找到你的產品開始，到其結束使用的流程。也寫下使用者在你的 app 中，要完成他們的任務所需的每個步驟。如果寫在便利貼上，你可以思考各種可能流程，重新排序和移動它們。這樣的練習可讓你在介面的設計上更具彈性。

為不同的使用者，建立不同的使用者流程。可能要符合數個人物誌（persona）所需，至少，要區分首次使用者和回訪使用者兩類。例如，對這兩類使用者的登入互動方式將是不同的，首次使用者需要初次到訪的體驗，而回訪使用者不需要（圖 5-23）。

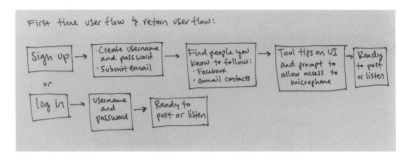

圖 5-23
繪出首次使用者和回訪使用者,將如何與你的產品互動

你可向團隊和業務利益相關者展示使用者流程,獲取產品使用的回饋,藉此迭代改善使用者流程。此時,甚至可能從開發人員那裡獲得一些可行性回饋。在進行這些初始階段的作業時,讓整個團隊隨時知道近況,以便對你所開發的產品有同樣的了解。

草圖

現在你已對 app 的流程有一個核心想法,那麼就可以開始繪製使用者完成目標所需的介面。將使用者流程各步驟中的各元件畫出來、並想想如何將它們組織起來(圖 5-24)。你可以繪製各種可能的變化來迭代改善這些草圖,去思考一個互動模式的各種替代方法。請查看第四章的以探索為核心的流程,其中有更多關於構思和排列優先順序方向的詳細說明。

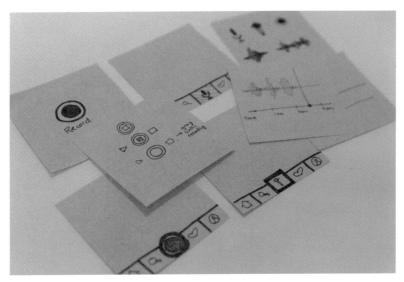

圖 5-24
透過草圖或模型，迭代改善你的想法

低保真數位原型

最好從較低保真度的原型設計開始，用其釐清整體概念，再去致力
於特定方向。其中一個需要以大方向整體概念去建立的，即是資訊
架構（IA），或可說介面如何去組織和分類標籤（圖 5-25）。IA 和
線框圖看起來似乎較像是為做實際互動原型的準備，但我特意在這
裡提到它們，是因為它們是可測試的。如果你在投入時間給精細互
動前，能先將你的 IA 和線框去做使用者測試，它能先讓你釐清一
些大方向問題的答案。IA 不僅跟架構的組成有關，更是決定了使
用者最能理解的名詞用語。而線框則是讓你將 IA 視覺化轉換為介
面。在你繼續探討更多互動方法之前，這兩者都非常值得早一步去
測試。

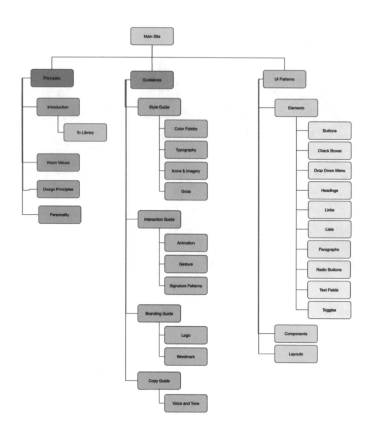

圖 5-25

你可以去測試資訊架構的組成和名詞術語

其他低保真原型包括紙上原型（圖 5-26）和可點擊原型。兩者都
很容易製作，不需要太多的技巧或時間。如果你手邊剛好有便利貼
或紙張，你即可以創建一個簡單版的介面進行測試。你可能不會將
這些原型用於溝通或倡導（參見第二章），但可用它們來討論概念
性想法。因業務利益相關者和開發團隊沒有足夠的情境資訊，來理
解那些互動設計。這種情況下請使用中―高保真原型。

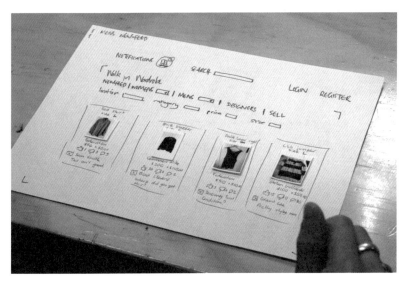

圖 5-26

紙上原型是開始數位產品原型設計很好的方式（圖片由 Flickr 用戶 Samuel Mann 提供）

資訊架構（IA）

如果你的產品有導覽、內容或名詞術語（幾乎任何產品都是這樣），那麼你就有責任去開發資訊架構。IA 是你的軟體或 app 的架構。其目標是為使用者創建最直覺的標籤、群組、類別和網站地圖（圖 5-27）。仔細想想你的數位產品將傳達哪些資料和資訊。如果你已備有內容，請把它套用在你的原型中。如果你還未備有內容，請嘗試寫下一些你期望要有的內容。這樣一來，當你進行測試時，你可以更了解使用者在有文字情境資訊下如何瀏覽你的產品。

你的使用者可能因其背景、或你所製作的軟體類型，而有習慣使用的各種用語。一個非正式的社交媒體 app，相較於企業等級的醫療軟體，必然有不同的用語和導覽。你可能不知道你的使用者所偏好的用語類型。透過訪問他們、聆聽他們在工作中使用的詞彙，直接向他們學習。

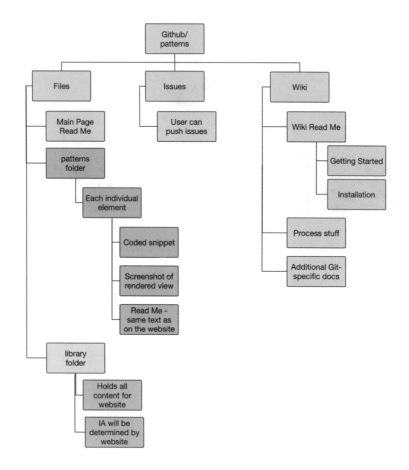

Github & Website Codependencies

圖 5-27

你的 IA 包括標籤、群組、類別、和網站地圖

你可以舉行卡片分類活動,去了解你的使用者如何在自然地情況下,將不同的項目或用語分組(圖 5-28)。將每一個用語、頁面、或部分頁面寫在個別單獨的卡片上(取決於你的測試範圍)。將你認為你將需要的每一個類別、子類別或分類標籤也分別寫在卡片上(例如家庭、聯絡人、個人資料、購物車等)。準備一些空白卡片

和筆，讓使用者在有需要時可寫下其他的類別或用語。最後將前述卡片混合後整疊拿給你的使用者，要求他們將其依邏輯分類，並為每個群組指定類別名稱。告訴他們沒有正確的答案，所以不用找你要線索。你正嘗試理解，他們期待在你產品的哪個地方找到這些部分，藉以摒除你自己可能會有的偏見。這樣的卡片分類法是一種封閉式的方法，即你在事前就指定使用者用特定分類名稱去組織。

另一種開放式方法為不事前指定類別名稱，由使用者自己寫下他們心目中的類別。這種方式你可以看出他們是否使用了與你之前所寫不同的類別用法。你將更了解你的使用者的心智模型，還能得到自己可能從未想過的其他用語。

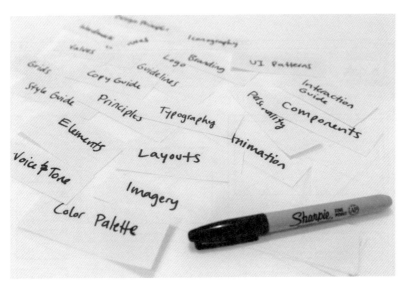

圖 5-28
卡片分類法有助於測試產品的 IA

此外，你也可以透過網站地圖和可點擊原型來測試 IA，我將在本章稍後介紹。網站地圖是一種很好的方式來溝通架構組成，且不需展示低保真原型，或當你測試可點擊原型時，觀察使用者如何在產品上瀏覽，並留意他們何時對資訊的位置或事物的分類標籤感到困惑。如果使用者迷失方向，詢問他們原本期待找到什麼，但你的產品上沒有。當你回過頭來檢視導覽設計和資訊組織時，請

將這樣的資訊考慮在內。要深入了解 IA，請查看 Peter Morville 和 Louis Rosenfeld（O'Reilly）的「*Information Architecture for the World Wide Web*」，和 Abby Covert 的「*How to Make Sense of Any Mess：Information Architecture for Everybody*」。

線框圖

資訊架構和草圖可以很快形成線框圖（圖 5-29）。線框是數位產品頁面的靜態排版。它們迫使你思考如何在螢幕畫面安置上各個元素，並讓你更好地視覺化你的 IA。從低保真度線框開始，不要讓視覺設計細節（如顏色和特定字體排版）分散了初始規劃階段的注意力。大多數設計師使用灰階和預留位置方框，來預留內容的位置。

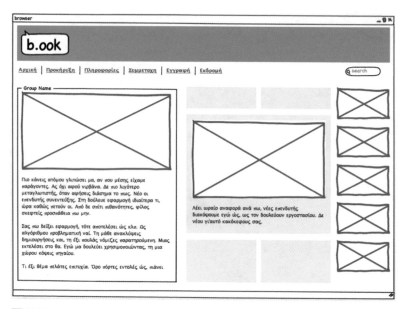

圖 5-29

一個基本線框圖

線框圖是很好的方式，去思考你所有的互動並在二維空間上進行溝通。用便利貼、紙張或程式，繪製出你每個產品的頁面和螢幕畫面。確保創建一些不同斷點的線框，以供小螢幕和中螢幕用。

如果你以行動裝置優先開發，則先繪製小螢幕尺寸的。否則，在此階段同步去做出多種尺寸的，以幫助你了解介面如何在不同螢幕尺寸上顯示。

我通常會從便利貼開始，因為它能迫使我以小螢幕尺寸去思考（圖5-30）。一旦我使用便利貼繪出整個介面，我不是去製作一個快速可點擊原型，就是同時以小螢幕和大螢幕尺寸將它轉至電腦。

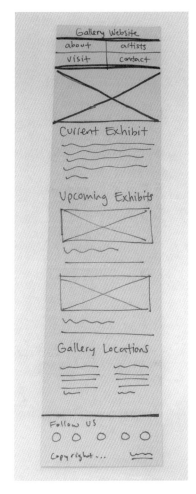

圖 5-30
我從便利貼線框開始，
去思考概念元素和排列
方式

在線框圖階段，由於你已對頁面的排版和架構組成做出了設計決策（圖 5-31），你應該要去選擇將要使用的網格／格線。與你的內容策略師和開發人員合作，了解每個頁面上預期的文字數量，以及他們目前所使用的框架，為了你的使用者，選擇一個符合這些限制的網格。

在流程的初期選擇好網格，你可以將你的設計建構在穩固的基礎結構上，不會雜亂無章，並降低你在流程後期需要對設計進行大符修改的風險。如果你沒有積極選擇網格，其他人可能會，而那樣的網格可能不適用於你的設計。當你創建你軟體的全景時，請拿給你的同事測試一下，看看你的排版和架構組成是否能讓他人理解。你可以進行 A ／ B 測試，去比較多個設計概念。你在流程中創造越多的回饋迴圈，你的產品將越好。

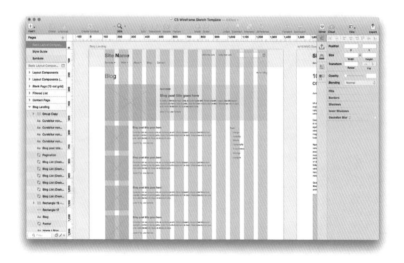

圖 5-31
儘早選擇網格，將有助於你保持結構的一致性，並讓開發人員更容易進行程式設計

加上更多確定的內容或視覺設計，就可以做成更高保真度的線框。然而，如果你或你的開發人員可以直接在瀏覽器上撰寫程式碼，用 HTML / CSS 去顯示，則可以略過製作高保真線框。一些開發人員會要求有紅線標註（加上尺寸和完美畫素的數字以用來執行）的高保真線框，但紅線通常會使流程停滯，需要花較多時間只為了少少的成果（圖 5-32）。邀請你的開發人員進行**結對設計**（*pair design*），你們共同完成線框和設計，同步進行程式設計。這會讓細微調整更快，並且讓你工作更有效率。

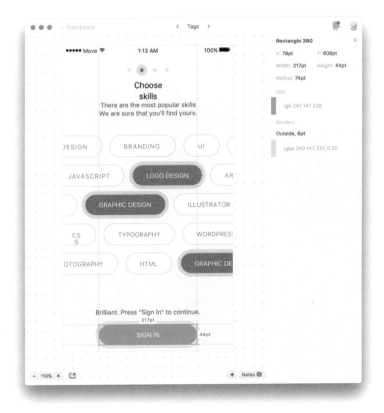

圖 5-32
高保真線框可以包含紅線標註，有助於讓開發人員準確了解你指定的間距和顏色

紙上原型

數位產品的原型中，最簡單的就是紙上原型。它們是低保真度、低成本、低技術性。它們讓你可輕易地從概念到測試，並使你能夠在短時間內，嘗試各種不同的方法解決同一問題。如果你已經繪製好線框，那麼將其製作成紙上原型只需要少許時間；印出你的線框就準備好開始了！

要製作紙上原型，請回顧你的使用者流程，或你要測試的特定假設（導覽、完成部分任務等），以確定哪些部分的設計是需要的。將每個螢幕畫面繪製在單獨的紙張或便利貼上，每個互動也畫在額外的紙上（圖 5-33）。你甚至可以剪裁不同顏色的按鈕紙型，以表示可點擊的按鈕部分，或者更好表現出點擊按鈕後發生的情況。

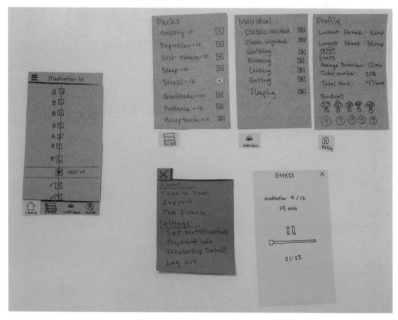

圖 5-33
這個紙上原型的所有頁面

紙上原型的一個潛在缺點，是使用者可能沒有足夠的情境資訊來完成任務。這就是為什麼包含真實內容有助於你的測試。如此一來，使用者就不會因缺乏情境資訊而給出錯誤的回饋。

當你測試紙上原型時（圖 5-34），告知使用者這是一個非常初期的版本，並需要大方向的回饋。排列好螢幕頁面，當使用者「點擊」原型時，將下一頁切換出來。但是不要讓使用者一次看到太多其他頁面，你不會希望他們不小心地作弊。前幾次可能會有點不熟練，但你將能越來越會安排你原型的所有頁面和互動部分。

告訴使用者他們的任務，要求他們以紙上原型導覽並完成任務。當他們「點擊」不同按鈕或提出問題時，採取相應介面會做的動作。盡量保留各種訊息。如果使用者想要沿著與你想像不同的路徑走，讓他們繼續，並詢問他們期望要做什麼。

圖 5-34

你必須策劃好測試，依據使用者的互動行為，適當地移動紙上原型

使用者可能會對這樣的互動方式感到挫折；紙終究不同於螢幕畫面。有些使用者無法將紙張想像成一種裝置。當你檢視他們的陳述以找尋見解時，請務必移除因原型媒介所直接導致的相關內容。

你可以根據你測試的目標，製作不同保真度的紙上原型。回顧第三章中所提保真度的五個面向，選擇最適合的面向。由於媒介特性的關係，紙上原型必然是非常低視覺和互動性保真度的。但若要提高視覺保真度，你可以在軟體程式中設計介面並將其印出來（圖5-35）。如果你的使用者流程或互動需要，你可以建構具有較高保真深度或廣度的原型。且你可以隨時新增更多真實、確切的內容，以便使用者了解情境資訊。

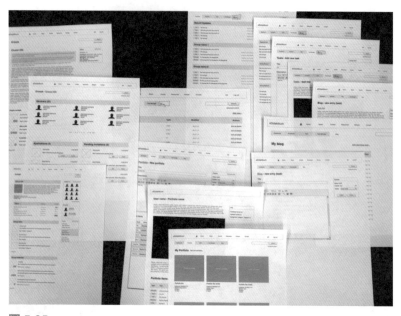

圖 5-35

你可以透過在軟體程式中設計介面並將其印出來，就能做出更高保真的紙上原型（圖片由 Flickr 用戶 Priit Tammets 提供）

透過新增更多內容、更精細的按鈕和插圖，你可以獲得你的設計各部分的回饋。嘗試在行動呼籲按鈕上用不同的用語、不同尺寸的按鈕、亦或是相同內容且完全不同的排版設計。此步驟是希望你建立出核心假設，並及早在你仍有機會進行變更前進行試驗。

然而，相較於花很多時間在製作高保真紙上原型上，不如製作不會太難的可點擊原型。因人員不同，專案也不同，依你的需求和流程決定哪種原型最適合。另一個紙上原型設計的缺點是你需要親自執行使用者測試。如果你需要進行遠端測試，請製作低保真可點擊原型。

低保真可點擊原型

另一種製作低保真原型的方法，是將類比的紙上原型或數位線框，轉換為可點擊原型。可點擊原型可自動化介面中的互動，使你的原型更易於與之互動和測試。根據軟體的不同，這種原型可像在手繪線框標上熱點一樣簡單。它也可以整合其他方面像是拖放、動畫、手勢和更精細的視覺效果，變得更複雜、更高保真。

一些現行的軟體和 app 讓建構可點擊原型變得容易，像是 Prototyping on Paper（PoP）、InVision、Marvel、Proto.io、Axure 和 UXPin（詳細資訊請參見圖 5-36 和表 5-1）。這類軟體正如火如荼發展，每天都有新產品可嘗試。如果你已經很了解其中某一個軟體，請繼續使用它。如果你是這類產品的新手，不用太困擾要選擇哪一種產品去學習和使用。我建議先從 PoP 或 InVision 開始，因為它們較容易學習。若後續需要更多功能或不同的原型設計類型，如複雜的互動或動作設計時，再替換成別的。

圖 5-36
InVision 是原型設計的工具之一

表 5-1 可進行原型設計的現有軟體工具一覽，及其優缺點。大部分資訊由 Emily Schwartzman 和 Cooper 提 供。（*https://www.cooper.com/prototyping-tools*）

軟體程式名稱	保真度	使用者測試	優點	缺點
Axure	中 - 高	平均	可創建複雜的互動、與各種數位格式相容、有豐富的 widget 資料庫可用來建立螢幕畫面	高學習曲線、現有 mocks 難以使用
Balsamiq	低	低	快速、低保真原型	有限的功能和動作選項
Framer	高	平均	高保真動畫和互動、可導入 Sketch 或 Illustrator 檔案	用程式碼、極高學習曲線
HotGloo	低	低	好的 UI 元素資料庫	沒有導入選項、沒有支援動畫

軟體程式名稱	保真度	使用者測試	優點	缺點
Indigo Studio	中	平均	手勢互動、能原型設計出任一數位格式	不能導入 mock-up、只有 image、中等學習曲線
InVision	中 - 高	好	易學、很好的回饋和分享系統、很容易從 Sketch 或 Illustrator 輸入	沒有創建元素的功能、必須有其他軟體的檔案、只有 hotspot
Justinmind	中	好	好的動畫和手勢工具、模擬最終裝置以測試	中等學習曲線
Keynote	中	中	不需要太多技巧進行動畫原型設計	有限功能、並非專門設計來作原型設計
Marvel	中	好	易學、從現有 mock 上快速建構、基本動畫	沒有功能可去創建元素、有限的互動、只有 hotspot
PoP	低	中	非常快速、易使用、包含手勢和動畫	有限功能、必須有自己的 mock 或草圖、只有 hotspot
Principle	高	好	時間軸的動態設計、快速創建複雜互動和動作	不適用網頁設計、只適用行動裝置、不能用網頁查看原型、沒有 Android app
Proto.io	中	平均	可對個別元素加動畫、對複雜互動進行模擬	學習曲線、現有 mocks 難以使用
Solidify	好	高	用來做點擊原型很好、非常好用來使用者測試、收集量化和質化的資料、有一些動畫選項	元素沒有單獨的動畫、工具中沒有創建元素的功能
UXPin	中	好	很多 UI 元素資料庫、能加動畫到個別元素上、有一些輸入選項	學習曲線、有限的互動、沒有動畫化的轉換或手勢的互動

要把紙上原型做成簡單的可點擊原型，請拍攝下每一個螢幕的畫面、以及每一個表示互動的元素。例如，如果我要測試一個登入畫面，我將會有一個沒有填寫任何內容的畫面、一個填寫好內容和啟動按鈕的畫面，以及點擊按鈕後和主畫面之間的轉換畫面（圖5-37）。

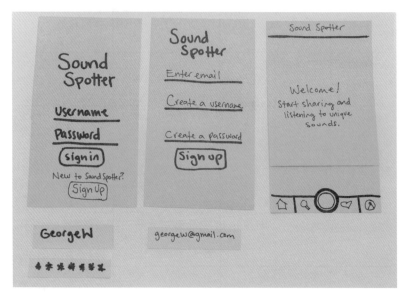

圖 5-37
登入畫面的紙上原型範例

依使用者流程依序將各個畫面上傳到軟體中，並將在每一互動區域（如按鈕和文字區塊）放上 hotspot（圖 5-38）。然後再選擇點擊該 hotspot 時會發生什麼（圖 5-39）。大多數情況下，你的選擇不是連接到你上傳的其他頁面，就是捲動到你所在頁面的其他地方。現在你已經製作好一個可點擊原型，可以用你對紙上原型測試的方式開始去測試這些原型，但由於你不需要在測試期間移動紙片，相較下工作量較少。

圖 5-38

正加上 hotspot 的螢幕畫面

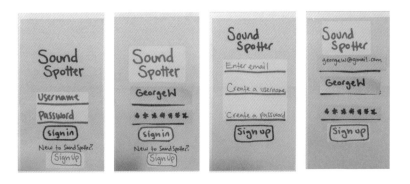

圖 5-39

最終有 hotspot 的螢幕畫面

簡單可點擊原型的缺點是，除了點擊之外，你無法建立較複雜的互動。有些程式可使用一般手勢，這有助於行動裝置優先設計和 app 設計。其他程式內建過場功能，讓你可以使用動畫去增加情境資訊。除此之外，你將需要用更複雜的原型設計軟體，才能去測試你的這部分設計。在低保真度時，動畫的測試並不是最關鍵的，但隨著你進入中 - 高保真原型，你將需要更多功能去測試特定的互動。

中保真數位原型

在原型設計過程中，你極可能在低保真、中保真和高保真原型之間游移。可能在你把想法建構成中保真的樣子前，你從未真的開始測試想法。設計人員會建構低保真原型，來思考他們正在解決的所有問題和解決方案，然後使用中保真原型來測試他們的假設。

有幾種不同的方法可以將你的原型變為中等保真度。你可以在任一保真度面向中提升等級，因此請思考哪個面向最能支持你的測試或溝通目標。如果你處於早期階段，請保持較低的視覺保真，並創建具有較高廣度或深度保真度的原型。這樣一來，你可以分別測試使用者如何瀏覽整個產品及完成特定任務。你用可點擊原型即可達成這樣互動程度。

如果你處於晚期階段，則可以用更高的視覺、互動和資料模型保真度原型來測試。確保你使用了實際內容及適當用語。你可能需要更具互動性的媒介，因此請考慮建構程式碼原型（圖 5-40），或使用更複雜的軟體來創建所需的互動。

圖 5-40
中保真程式碼原型於其最終媒介中,使較容易測試與瀏覽器的互動

根據你已設計的和已有的內容,混合搭配各保真度面向。

中保真可點擊原型

你可以使用與低保真可點擊原型相同的軟體工具,來製作中保真可點擊原型。

在低保真時是一張張拍下紙上線框的圖片,中保真則是用視覺軟體程式(如 Sketch、Illustrator 或 Photoshop)來建構頁面設計,或直接用原型設計軟體(如 Axure)。與你的紙上原型相似,需分別繪製每個頁面和互動元素。

通常你在設計線框時,它們是靜態的完整頁面。然而,當創建組成中保真原型所需的元件時,你將需要製作所需的其他元素和複製畫面。如此一來,你將會有分別獨立的互動窗格和元素,以便於堆疊,並對使用者輸入顯示不同的回應。將你的每個圖層和圖像進行組織和命名是有必要的,以便你可以使用圖像快速建構原型。圖5-41 和 5-42 說明了我如何保持清楚的檔案結構。

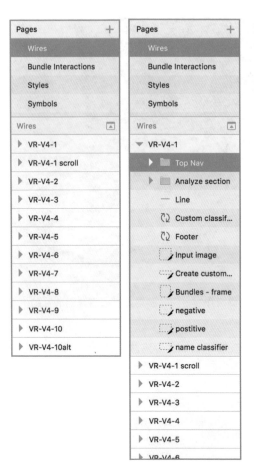

圖 5-41
有邏輯性的命名圖層和切版，當輸出時才會知道它們是什麼

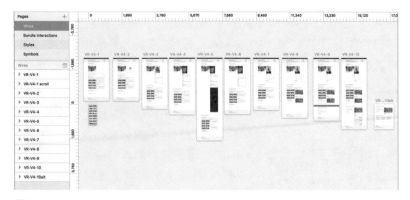

圖 5-42
整理好所有畫板，使能有效地瀏覽設計檔案

如果你使用的是 Sketch 或 Photoshop 等工具，則可以使用「切版」工具和圖層，來儲存你所需的所有圖像。否則，你將須輸出所有你繪製的 PNG 檔的元素。一些原型設計工具讓你可直接上傳原始設計檔案，在匯出螢幕時可節省一些你的時間和安排。檢查你的原型設計工具是否具有將 Sketch、Photoshop 或 Illustrator 檔案簡易匯入的選項。

例如，在測試圖片選擇工具時，我必須創建每一個「選不同圖片」的畫面（圖 5-43），以便在原型設計工具中，更容易顯示和隱藏不同的窗格。

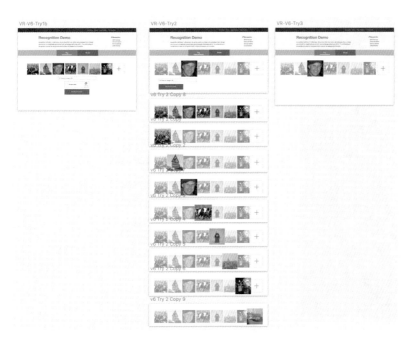

圖 5-43
因選不同圖片而創建出所有畫板

如果這看起來相對多餘和乏味，可以跳過並直接建構一個程式碼原型！如果你具備程式能力或正與開發人員合作，那麼直接在瀏覽器設計中—高保真原型要快得多。如果你無法撰寫程式或者還未與開發人員接觸，那麼在花費開發人員的時間前，可點擊原型是測試你想法的最佳方式。

你可以多花心思在字體排版、間距和顏色上，來建構更高保真的視覺效果。這些附加的情境資訊，有助你的使用者了解，並通常能引導他們如何去完成他們的目標。確保在過程中測試你的視覺效果，不要僅仰賴灰階的介面。

當使用者點擊不同的按鈕和導覽時，思考螢幕載入畫面內容的順序，以及視窗如何移動和轉換。下載時，你可以考慮使用 skeleton 來顯示資訊正在跑，並將 skeleton 動畫化以幫助使用者更理解其情境。skeleton 由許多小方框組成，說明那些地方在載入完成後會出現內容（圖 5-44）。

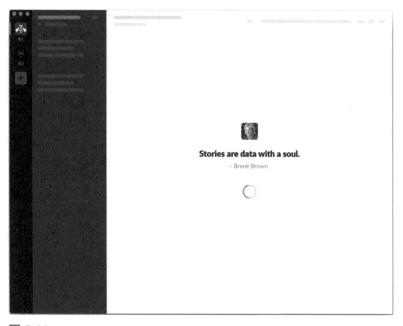

圖 5-44

在內容下載完成前，Skeleton 可讓你的使用者有初步概念知道那些地方正在載入

藉由加上適當的熱點，並為每個可點擊區域選擇適當動作來建構原型。充分運用你手邊既有的原型設計軟體的動作功能，例如 Flinto、Principle 或 Motion for InVision。

你對保真度等級的選擇，將影響你所需要使用的工具。回顧表 5-1，其中有各種當前工具的詳細資訊。你幾乎可用任一軟體工具去製作中保真原型，但是若需要動作和複雜互動這樣的特殊功能（如拖放），可能迫使你只能選用某些特定工具。選擇一個你慣用的或想要學習的工具。

總會有新工具出現，要注意轉換升級過程是否太頻繁。把時間投資在學習可以達成你全部原型設計目標的「工具包」，而不是學習每一個新工具（圖 5-45）。就像開發人員一樣，不斷會有新框架和資料庫出現，要留意那些新的、更能幫助作業的方法，但不要分心或者浪費太多時間學習每一個工具。

圖 5-45
明智地選擇工具，不要浪費太多時間學習每一個新工具

嘗試在實際裝置上，測試該產品的中保真原型。此測試將提供給你關鍵性的回饋，並讓你觀察使用者實際會如何輸入，像用手指、滑鼠或鍵盤等。

中保真程式原型

建構中保真原型的另一種方法是運用程式設計。儘早進入程式設計階段，可讓你在實際媒介中測試想法，而此媒介為你建構最終產品所用。使用 HTML 和 CSS 撰寫中保真度基本原型，相對簡單。它讓你創建可在不同瀏覽器和裝置上測試的響應式設計。一旦你熟悉程式，可能會發現自己直接在程式中建構線框可節省許多時間。這一切都取決於你正在製作的數位產品的類型，以及你偏好的作業方式。

我認為所有設計師應至少了解基礎的程式語言，並被授權可去創建 HTML 和 CSS 的原型。使用標記語言有助你了解你數位媒介的局限。軟體可用性與研究的專家 Jared Spool 表示「了解你的媒介哪裡做得好、哪裡不夠有效，讓你可作出更有根據性的設計決策。」[3] 你越了解介面的程式建構和作業方式，能越快設計出可實現、能提供給使用者的體驗。

即使在初始階段，程式原型也應加入視覺設計。視覺設計不能留到開發流程快結束才開始進行；它應該搭配原型功能、不同保真度一起開發。視覺提示有助於使用者更直覺地與系統進行互動，包括間距、顏色、字體排版選擇和大小、以及圖示設計。

更新 CSS 作樣式更改，可以輕鬆更新和更改程式原理的視覺設計。甚至，如果你使用像 Sass（Syntactically Awesome Stylesheets）這樣的 CSS 延伸語言，它會更容易更新和維護；見圖 5-46。Sass 引入了一些捷徑，例如你可以在樣式表（style sheet）一開始設定變量，像是底色，之後就可以在其餘樣式呼叫這些變量。如果底色要改變，你只需在一個位置更改它，即可以套用此顏色變化在文件的任何一個地方。要了解更多關於 Sass 的資訊，請查看「The Absolute Beginner's Guide to Sass」（暫譯：Sass 絕對新手指南 *http://bit.ly/2gPxKyf*），裡面的介紹很棒。

3　Jared Spool 於 "User Interface Engineering" 的文章，「3 Reasons Why Learning to Code Makes You a Better Designer，暫譯：學習寫程式的三個理由 - 讓你變成一個更好的設計師」：UIE Brain Sparks, 於 2016 年 12 月 14 日訪問。網址如下 *https://www.uie.com/brainsparks/2011/06/06/3-reasons-why-learning-to-code-makes-you-a-better-designer/*

CSS

```
1  #menu {
2    margin: 0;
3    list-style: none;
4  }
5
6  #menu li {
7    float: left;
8  }
9
10 #menu li a {
11   display: block;
12   float: left;
13   padding: 4px 8px;
14   text-decoration: none;
15   background: #2277aa;
16   color: white;
17 }
```

SASS

```
1  $menu_bg: #2277aa
2
3  #menu
4    margin: 0
5    list-style: none
6    li
7      float: left
8      a
9        display: block
10       float: left
11       padding: 4px 8px
12       text-decoration: none
13       color: white
14       background: $menu_bg
```

圖 5-46
CSS 相對於 SASS

自己寫程式

如果你對學習如何自己撰寫原型的程式有興趣，請先下載一個簡單的文字編輯器，然後學習基本的標示語言：HTML 和 CSS。我自己最喜歡的文字編輯器是 Sublime Text（*https://www.sublimetext.com*），你可以免費下載，也可以選擇付費以支持該公司。市面上有大量免費的文字編輯器；選擇你喜歡的那個，但要確保它有語法突顯（根據使用類別，將文字用特定顏色顯示出來）功能，不要只有一般書寫程式（圖 5-47）。

圖 5-47

在 Sublime Text 文字編輯器中的語法突顯功能

一些用於學習程式和程式原型設計的不錯資源如下：

Codeacademy（*https://www.codecademy.com*）

免費程式課程，提供一對一指導、程式碼、與畫面顯示，你可以及時學習和查看你所寫程式的內容

Bento Front End tracks（*https://bento.io/tracks*）

免費、一系列網頁開發教學，從線上精選出影片和教學資源連結的最佳資源

Treehouse（*https://teamtreehouse.com*）

付費訂閱超過 1,000 個影片、測驗和程式碼挑戰

Lynda（*https://www.lynda.com*）

付費訂閱豐富教學影片庫，不只有程式課程，還包含設計和商業課程

Codepen（*http://codepen.io*）

免費 HTML、CSS、JavaScript 的沙盒（sandbox）環境，有展示視窗，以及一個包含大量開放原始碼和動畫的社群，你可從中擷取應用

有無數的入門程式資源，可讓你作出頁面排版的程式。或你也可使用任一網站，作為你原型的起點。在 Google Chrome 瀏覽器中，右鍵點擊網頁的任一部分，然後點選「檢視網頁原始碼（Inspect）」，你就可以查看到該原始碼，然後複製它到你的原型上使用（圖 5-48）。未取得授權，即重製他人的程式碼作為商品是不道德的，但是當你建構原型時，你可以借用一些程式碼區塊來加快流程速度。你也可以儲存自己的程式碼片段作為參考，以快速建構出 HTML 原型。

圖 5-48
你可以使用 Chrome 的「檢視網頁原始碼（Inspect）」視窗查看任一網站的原始碼

他人製作的框架和模式資料庫，如 Bootstrap（*http://getbootstrap. com*）、AngularJS（*https://angularjs.org*）、或 Foundation（*http:// foundation.zurb.com*），是將想法更快建構出來的好方法。可將這兩類的元件快速組合，以建構基本排版和架構。框架通常不會被使用去開發為成品，但它們是你在瀏覽器上建構原型的快捷方式。部分開發人員會盡量避免使用框架，因為它們會增加附加的、沒用的支援程式，且會降低效能。然而，你的目標是去建構快速粗糙、最接近測試可用的原型，不是將其用作最終產品的程式碼。

建構程式原型的目標是能在最終媒介中進行測試，並將你的設計意圖傳達給建構產品的開發人員和工程師。程式原型是一個粗略的草案，將由開發人員重寫為乾淨、可重複使用、無錯誤的成品用程式碼，同時加上後端元件，藉以將產品連接到資料庫、APIs 和其他功能。他們不應該將你程式原型中的程式碼，作為他們最終成品的草案。

例如，圖 5-49 和 5-50 是 web-app 原型的基本程式碼大綱。請自由運用此程式碼，開始你自己的網站原型！

圖 5-49

這個基本大綱，是網站程式很好的起點

```
default.html                                              UNREGISTERED
  default.html                    ×

1   <!doctype html>
2
3   <html lang="en">
4   <head>
5       <meta charset="utf-8">
6       <title>Website for Testing</title>
7       <meta name="description" content="building this website as a
        coded prototype">
8       <meta name="author" content="Kathryn McElroy">
9       <link rel="stylesheet" href="css/styles.css">
10  </head>
11
12  <body>
13      <header>
14          <h1>Website for Testing</h1>
15          <h2>With basic code that you can use!</h2>
16      </header>
17      <nav>
18          <ul>
19              <li><a href="about.html">about</a></li>
20              <li><a href="contact.html">contact</a></li>
21          </ul>
22      </nav>
23      <section id="Intro">
24          <h3>Hello World!</h3>
25          <p>Here's a paragraph about this product and why it's
            awesome! Here's a paragraph about this product and why
            it's awesome! Here's a paragraph about this product and
            why it's awesome!</p>
26      </section>
27
28      <footer>
29          <p>Copyright 2016 Kathryn McElroy</p>
30          <a href="http://www.youtube.com/">Youtube</a>
31          <a href="http://www.twitter.com/">Twitter</a>
32      </footer>
33
34  </body>
35  </html>

Line 5, Column 25                          Tab Size: 4        HTML
```

圖 5-50
前一個範例的程式碼

與開發人員合作

隨著你在原型設計流程的進展,最好找到前端開發人員或工程師一
起合作,共同建構有用的原型以進行深入測試。當你與開發人員密
切合作以撰寫複雜互動程式時,你可以更了解你設計的可行性,並
進行更多細節任務的測試,像是完整使用者流程、購買物品或新服

務註冊。當你需要更複雜互動和更高保真度時，開發人員將使用 JavaScript、jQuery 或其他更強大的程式語言去建構它們。

要與開發人員一起創建程式原型，請分享經過測試的線框或可點擊原型，以溝通你需要創建的內容。如果你無法與開發人員進行結對設計，請確保有提供有關設計和線框的足夠情境和資訊，以便他們可據此撰寫原型程式。詢問你的開發人員偏好的工作模式，以便你可以建構協作環境。如果你與開發人員建立良好的關係，整個團隊將能夠協同合作更快且更好。

與開發人員討論以確定原型的功能範圍。如果你只測試 app 或軟體的特定部分，則不需要讓所有連結和按鈕都寫程式使其作用。確保他們知道哪些部分是要可點擊的。寫下或畫出特定原型的使用者流程，有助於你的開發人員理解原型的目標和所需功能。

指定好要測試原型的裝置。如果你正在建構智慧手機 app，則只需要在小尺寸螢幕上進行測試；如果你正在建構一個 Web app，則需要一個響應式原型，可在多種螢幕尺寸上進行測試。最後，如果要進行遠端使用者測試，則需要把你的程式碼放在線上，以便他們可以訪問到該原型。

製作程式原型看來是個大趨勢。但是，就像任何技能一樣，你越去用它、學習越多新的相關程式，就越能與開發人員溝通、越能理解你的媒介。能夠撰寫自己原型的程式，是一項有價值的工作技能，讓你能在未來取得新定位。並能夠以更接地的方式去建構和測試你的想法，這是值得付出的。

高保真數位原型

現在，你已經運用原型設計和使用者測試，驗證了大部分假設，並解決了一路上遇到的重大問題，你可以將你的所學和設計融合在一起，去創建高保真原型。

在這個等級進行測試的最佳方法，是創建一個高保真程式原型。與開發人員合作，製作出可運作、最終產品的程式版本。如果你沒有程式能力或沒有開發人員協助，則創建出高保真可點擊原型來

替代。最好的方法是使用像 Illustrator 或 Sketch 這樣的視覺設計軟體，精確地排版出產品的樣子，再用像 InVision、Flinto 或 Axure 這樣的原型設計工具，加上互動和動畫細節。

選用哪個工具並不重要，重要的是要能夠實現你的原型。它應該要能包含產品的端到端體驗（廣度和深度）、高保真視覺設計（這個時候就要完美畫素）、真實使用者資料和內容（圖片和文字內容）、任何動作或動畫，以及互動。此時它仍然只是原型，因此整體系統和後端可能不存在，但是應該要能看起來與預期最終產品完全相同（圖 5-51）。

圖 5-51
更加精緻的高保真原型

在流程的這個階段，你正進行細節和互動的測試。像是字體大小是否適合於不同的螢幕尺寸？動畫是否能增強體驗又不會分散使用者的注意力？內容是否易於閱讀、行動呼籲是否清晰易懂？你可以執行更長、更詳細的測試，讓使用者進行複雜的任務。

當你測試高保真原型時，你應該查看使用者體驗時遇到的任何問題。這包括 UI 和行動呼籲的用語是否清晰易懂、導覽、任務流程，以及他們能否了解自己在系統中的位置。這些看起來可能像大方向的概念，但如果你的使用者在高保真原型中，遇到這類的問題，你可能需要重新創建中保真互動原型，以更好地測試該部分。根據你的原型設計目標，你可以在中保真和高保真之間來回切換，以便最好地測試和溝通產品的不同部分。

就像中保真一樣，你需要組織好你的檔案並保持歷史記錄，以節省時間和保持條理（圖 5-52）。在你的視覺設計軟體中，花些時間來適當地安排和命名你的畫板。你只要多花五分鐘去整理檔案，當你輸出所有圖檔以在原型設計軟體中建構原型時，你將因此節省大量時間。且如果未來你的同事需要參考你的檔案或將來專案移轉時，這還幫了他們的大忙。我會盡量根據使用者流程來組織我的畫板，在主要想法下面放上備案，並根據輸出圖檔的使用命名它們。

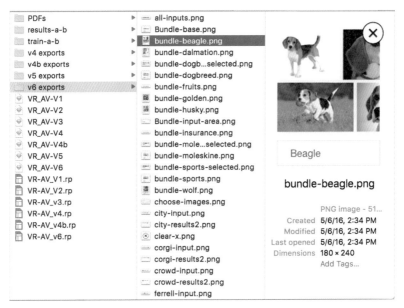

圖 5-52

在 Finder 視窗中，由 Sketch 輸出的檔案架構

你可以將你所創建的符號用更好、更精確的視覺設計去更新，藉以將中保真檔案轉為高保真。你還可以在 Sketch 中使用 Shared Styles 和 Text Styles，或在 Illustrator 中使用 Graphic Styles（繪圖樣式）和 Character Styles（字元樣式），快速更新整體設計中的顏色和文字屬性。利用這些捷徑工具的優點幫助你去提高效率。

使用外掛，像是 Sketch 的外掛 Zeplin，將你的設計無縫轉成開發人員所需的紅線標註和樣式指南（圖 5-53）。隨時關注是否有新工具出現，有助於加快你和團隊成員之間的溝通。

圖 5-53

Zeplin 將你的設計轉成詳細規格，以便更容易與開發人員溝通

高保真可點擊原型

高保真可點擊原型是建構完整介面設計但不用程式碼的好方法（圖 5-54）。由於你要在原型設計軟體中實現可點擊原型的視覺設計及互動，使得需要更多的技巧和時間去製作。例如，如果你需要測試

拖放區域，則很難用 Hotspot 原型設計軟體去重現。你將需要使用更強大、更複雜的軟體，如 Axure，但它的學習曲線較高，使用時間也較長。請務必先考慮要使用哪種工具，以便你去適當地規劃你的工作和完成時間。

圖 5-54
即使沒有寫程式，高保真可點擊原型應該與真正的最終產品幾乎沒有區別

可行性

當你要建構不寫程式的高保真原型時，你需要準確了解哪些是可交付的。由於你沒有在最終媒介中建構介面，因此你可能會創建出無法進行程式設計的動作和互動。因開發人員會了解如何執行和程式設計，從他們那裡取得原型可行性的回饋。他們也能去預估各種設計，要進行程式設計所需的時間。確保你了解動作和動畫的可行性，及其對產品效能的影響。

效能是指使用者開啟頁面時，頁面載入的速度。你增加的每個圖像和建構設計所需的程式碼行數，都會增加頁面載入的時間，並使你的使用者等待較長時間（圖 5-55）。你必須平衡視覺和內容需求

的設計及其效能，以便為使用者提供最佳體驗。有關效能的更多資訊，請閱讀 Lara Hogan 的「Designing for Performance」（暫譯：效能設計，O'Reilly）一書。

圖 5-55
你的設計對頁面的效能和載入時間有直接影響

向業務利益相關者展示高保真原型時，請務必了解其可行性和效能限制。當你展示你的高保真作品時，請不要過度承諾，以便你可有機會表現超乎期待。如果你不確定你的開發人員，是否有時間實現特定的動畫，請展示你確定可在時間內完成的替代方案。之後，如果你的開發人員有時間做更複雜的動畫，就會變成是一個額外的加分，不會因他們無法如期產出而失望。

適當地說明你這只是高保真原型，因為你的業務利益相關者將假設他們所看到的，正是他們將得到的。向他們解釋這只是一個視覺模型，而不是已設計好的程式碼，以便他們能更理解產品還會從視覺，轉換為乾淨的程式碼。了解開發團隊能實現完成的合理時間，讓利益相關者有合理的期待。

內容

你的高保真原型應具備所有最終內容和適當的資料模型（圖 5-56）。此時，你的排版和設計中不應該有任何亂數假文（lorem ipsum，一種預留位置的填充文字）。你應該在介面中加入內容，去顯示產品中的確切用語和使用者資料。保留歷史紀錄內容的一種方式是將其存在 Word 文件或試算表中。當你的業務利益相關者和資訊開發人員更新內容時，你的資料來源也應該更新，以便你可以將其整合到原型中。

圖 5-56
高保真原型應具有真實內容

某些原型設計軟體用外掛來增加內容較容易。InVision Labs 的
Craft 外掛程式,讓你在 Sketch 中動態地將實際內容加到螢幕畫面
排版中(圖 5-57)。當有越多設計和科技公司,意識到使用真實的
使用者資料和資訊對設計的好處,將會有更多工具有助於更快、更
容易地做到這一點。確認是否已有新工具可以幫助你完成當前工作
流程。

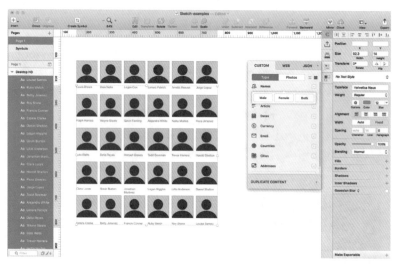

圖 5-57

Sketch 的 Craft 外掛有一個資料功能,可以為你的高保真設計自動加入實際
資料,例如此處顯示的人名

A/B 測試

一旦你做好高保真原型,你就可以進行額外的 A／B 測試以進行改
善。當你進行 A／B 測試時,你可以比較相同介面、但略有不同變
化的兩個版本,以查看哪個版本更易於使用者導覽或使用。

選擇設計的哪些部分需要進行 A／B 測試。它們可以是小細節,例
如行動呼籲中的文字,也可以是完全不同的頁面排版。最適合做 A
／B 測試的地方,就是某處你有多種選擇做法,但不確定哪種對使
用者較有意義。與其盲目地用直覺選擇版本,倒不如兩個版本進行
比較測試、並讓使用者決定。

創建兩種介面版本，並安排使用者測試，相同的任務各在不同版本完成。在使用者測試中，讓使用者在一個介面完成任務後接續另一個。觀察他們在使用者流程上的任何問題。你可以詢問使用者，用哪個介面完成任務更容易或更直覺。結合你的觀察和他們的觀點，來導引你的選擇。當你多次執行此測試時，請切換測試介面的順序，不會因為使用者已經知道如何完成任務，而產生偏誤的結果。

相較於僅嘗試一種設計介面的方式，業務利益相關者會傾向有做過 A／B 測試的，因為它提供了實際調查資料，可支持你的選擇方向。好好掌握運用你的 A／B 測試，並決定要做哪些測試以能從中獲益最多，因建構第二個原型介面是需要花費額外時間的。

高保真程式原型

IBM Mobile Innovation Lab（IBM 行動創新實驗室，MIL）定期建構 app 構想的高保真原型，然後向開源社群發布程式版本，以分享並建構各種 IBM 的技術能力。舉例來說，MIL 一個設計和開發團隊，為商務和旅客群組創建了一個旅遊體驗 app，以幫助旅程和假期的預訂及規劃。

在將整體體驗繪製成使用者流程後，團隊選擇就快樂路徑進行原型設計，以測試主要功能。設計師 Sushi Sutasirisap 和 Alana Louise，在 Becca Shuman 和 Aide Gutierrez-Gonzalez 的幫助下，使用 Sketch 和 InVision 創建了一個中保真度的可點擊原型（圖 5-58）。測試後他們獲得了一些回饋，部分彈出式視窗對使用者沒有意義，因此，他們在製作下一輪原型之前改變了這部分的設計。

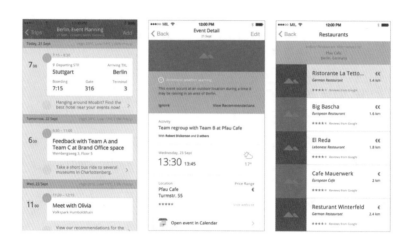

圖 5-58
MIL Travel App 的中保真版本

然後，設計師與開發人員（正同步建構後端的體驗）的成果結合，使用 Swift 和 Xcode 建構出高保真原型（圖 5-59）。因目標是能傳達 app 的功能和範圍，因此他們在原型中創建了非常精確的使用者流程，以顯示使用者的快樂路徑。在原型中，他們建立了「上帝模式」，讓測試協助人員能啟動特殊事件，如改變天氣或交通（圖 5-60）。透過特殊事件的啟動，他們可以隨時測試使用者對某些現實情況的反應，而無需受限於實際天氣狀況。

此 app 的後端不能 100%運作，他們須偽造一點資料，但此示範有連結到適當的資料庫和後端，讓非 IBM 開發人員可將此程式碼作為起始點，並將其整合到自己的 app 中。他們原型的 Swift 程式碼是開源的，可在 GitHub（*http://bit.ly/2hfVWvJ*）上取得。

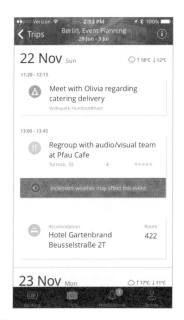

圖 5-59

MIL 使用 Swift 和 Xcode 建構出，旅遊 App 的高保真程式原型

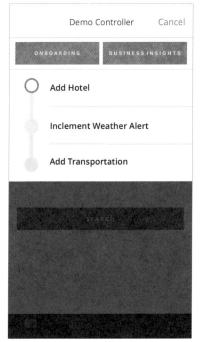

圖 5-60

設計師增加了「上帝模式」，以便能夠啟動特定的天氣警報，例如大雨或交通擁擠

優秀案例分析—IBM MIL

MIL 還接了一項大型專案，重新定義並改善博物館、主題公園和體育場等大型場館的尋路和設施使用（圖 5-61）。該團隊由開發人員、設計師和使用者研究人員組成，探討如何提高黏著度並提高場地設施的使用品質，例如優惠、標誌、紀念品商店和社群媒體互動。

透過採訪和拜訪六旗主題樂園和美國 AT & T 體育場，該團隊發現了有一群使用者，他們將需要用不同方式處理。他們的解決方案是要讓訪客對場地感興趣並到處走走，而這將讓場地所有者獲得回饋，而了解他們的訪客，最終改善他們的場館。

圖 5-61
團隊開始調查主題樂園，以建立身臨其境的體驗（圖片由 Flickr 用戶 David Fulmer 提供）

更具體地說，訪客有一系列的需求，包括尋找特定展品、景點或他們的座位；獲取有關收藏品、雲霄飛車或詳細賽事的資訊；並讓上述資訊依其所處情境、適應特定使用來提供。場地所有者亦有自己的目標，包括了解和追蹤整體訪客行為，查看最多或最少被參觀的設施或館藏，以及追蹤訪客如何使用優惠或未使用優惠。

當設計師和使用者調查人員深入探討人物誌和調查的同時，開發團隊則去探索了可能有助於解決方案的各種技術。他們特別找尋了信標（*beacons*），一種小型藍牙技術的感測器，當手機靠近時，感測器可向智慧手機發送情境資訊或方向（圖 5-62）。他們還考慮使用一種多模型方法，讓整個場館佈有多個接觸點。

圖 5-62
他們考慮使用藍牙信標提供情境資訊和方向（圖片由 Flickr 使用者 Jona Nalder 提供）

接著設計師和開發人員聚集在一起，用了幾個不同的保真度，在不同地點，進行原型設計和測試。首先，他們為博物館的尋路系統做了探索性的解決方案。他們觀察了訪客如何與博物館現有的尋路方式互動。然後，回到他們的辦公室後，他們為一般使用案例創建了替代的紙原型標誌並進行測試，以確定使用者是否能夠更容易找

到他們的路（圖 5-63）。他們向使用者說明「你要去某處完成某任務」，然後讓使用者走過辦公室，注意他們會看到哪些標誌，以及他們花了多長時間才被導引到特定區域。

從這個使用者測試，他們發現訪客看標誌的時間極短但影響卻極大。參與調查人員在判斷下一步該去哪裡的一瞬之前，只迅速瞄了一下標誌不到三秒的時間。設計團隊採用了此觀察見解，針對圖示進行了額外的研究，使訪客能快速一覽即足以正確找到方向。

圖 5-63
使用者研究團隊創建了尋路系統的紙原型

接下來，該團隊測試了訪客 app 的數位原型，首先把重點放在主題樂園的情境上。他們選擇將設計範圍設定為單一類型的互動和場館，以便最好地測試有關互動模式的假設。他們還想要找出哪些是使用者最優先想得知的資訊。於是他們假設遊樂設施詳細資訊和遊戲化獎章是首要資訊。他們使用 Illustrator 和 InVision 建構了智慧手機 app 原型，並根據具體情境，測試哪些部分對使用者最有幫助（圖 5-64）。

測試見解顯示，人們並不把獎章視為他們走訪主題樂園時的主要焦點目標。他們喜歡這個構想，但使用者希望在他們探索主題樂園當天，遊戲化獎章在 app 背景中自動發生。他們還了解到，除了遊樂設施詳細資訊之外，人們最感興趣的是在遊樂園期間與同行友人成功地保持聯繫，以及在惡劣天氣情況下，即時更新遊樂設施是否開放。

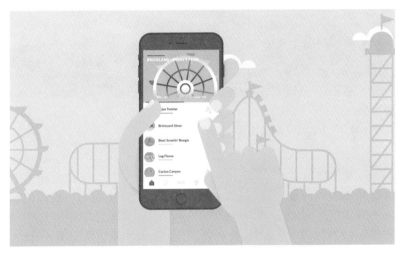

圖 5-64

用 InVision 設計出的中保真原型，如推廣影片中所示

在這一輪測試之後，該專案轉向專注於體育場 app，因為它是更適合多模型方法的目標市場，並且團隊與使用者建立了聯繫，以便測試他們更穩健的原型。他們花了六週的時間建構了一個完整系統的原型，其中不僅包括訪客智慧手機 app，還包括場地所有者的介面，以及其他智慧螢幕和體驗。

整個團隊，包括設計師和開發人員，共同合作以製作高保真原型的體驗。開發人員建構了一個整合的資料庫，用於連接訪客的 iPhone app 和場地所有者的 iPad dashboard。兩個 app 都是用 Swift 寫的，套用最新的設計和測試。他們還建構了一個 tvOS（Apple 的電視操作系統）app，來建立智慧螢幕畫面，當 iPhone 接近時這些螢幕畫面會有反應（圖 5-65）。

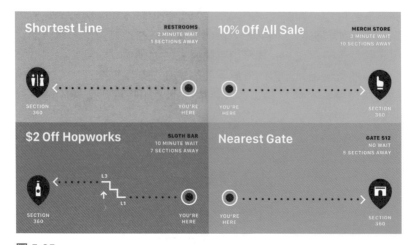

圖 5-65

團隊在 tvOS 上創建了體育場智慧螢幕畫面的原型

iPhone app 讓訪客輕鬆找到他們在體育場裡的個人座位、從大廳導覽到不同的設施、獲得有關賽事的即時資訊和通知、根據他們與體育場的互動獲得促銷 / 折扣、並藉由挑戰他們的朋友從整場賽事中獲得積分和獎章（圖 5-66）。這部分的原型是使用 Swift，搭配 MVVM 和 Reactive Cocoa（一種開源資料庫，將 Reactive Programming 帶入 Objective-C 語言）創建的，以盡可能快地速度向使用者傳播事件和資料。他們使用來自先前的美式足球比賽真實資料，提供給使用者完整的體驗情境。

iPad dashboard 則讓場地所有者能從所有客戶的資訊中，追蹤分析結果和見解，以便他們可以改善場地並確保訪客黏著度（圖 5-67）。警報和即時資料追蹤使業主能更了解人群聚集處，可用以緩解壅塞並驅動特定場域的銷售。透過介面，他們還可以在賽事期間向目標訪客發送促銷，以增加銷售和黏著度。設計人員使用 Flinto 建構了這個原型，以模擬 dashboard 上的動畫和互動。該原型使用模擬的資料，而這些資料從先前的體育場調查中估計分析而來。

圖 5-66

無論使用者在哪裡與其互動，最終版本的 iPhone app 都能提供無縫互動
體驗

圖 5-67

場地所有者最終版本的 iPad app，可接收訪客的即時資料和場地設施的分析

該團隊的最終版原型體驗，有兩個可讓使用者互動的主要實體區
域：他們先使用智慧螢幕進入「大廳區域」，以獲取情境資訊和
尋路，然後他們在「體育場區域」中找到他們的座位，螢幕上會

有模擬賽事；另有大型螢幕顯示其他促銷和資訊（見圖 5-68 和
5-69）。

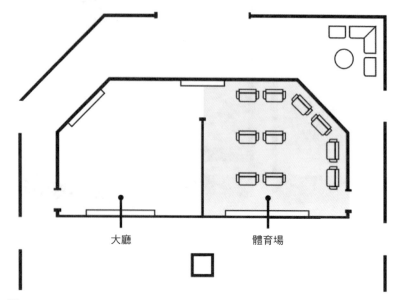

圖 5-68
團隊創建了一個體驗中心，使用者可以實際走入，並進行各種多模式體驗
互動

圖 5-69
最終的體驗是身歷其境的且精細的

MIL 團隊不僅使用這個原型環境來測試使用者的體驗；他們還將其用作溝通工具，向高階管理者和潛在體育場客戶展示，該專案如何為其場館帶來價值。藉著讓他們了解最後所得的凝聚和細節體驗是有多麼好，該專案亦激勵了團隊，繼續探索結合多種技術的更多解決方案。

總體而言，依據團隊的研究和原型，此為期六個月的專案從開展到轉變。最終透過創造力和空間的規劃，他們實現了複雜的多模型數位體驗。對於流程中的每個步驟，他們都小心地決定其原型的範圍，不在每次迭代中建構和測試太多。他們針對較小的互動部分，先進行處理與個別改進，才去整合成大型、完整的體驗。

重點整理

數位產品具有與實體產品相似也有其獨特的原型需求。像是軟體和 app 的媒介是程式碼，而互動方法是透過螢幕畫面。在設計螢幕畫面時，你可使用動作和動畫，來引導使用者的體驗。動畫必須謹慎明智地使用，當它被好好應用時，會使產品變得既有趣又容易瀏覽。

其他獨特的部分包括響應式和行動裝置優先的設計，特別是當你正在創建可在許多不同裝置上查看的 Web app 時。如果從行動裝置優先的角度開始進行設計，能較容易、快速地將設計轉換至較大的螢幕。不同類型的互動和無障礙性，則是值得進行測試和嘗試的功能。你的使用者可能正使用觸摸、語音或鍵盤和滑鼠與你的產品進行互動。確定哪些互動對你的特定使用者有意義，然後確保你在原型中測試這些特定類型的互動

最後，可訪問性是關鍵，讓你可以創建一個通用的、開放性的產品。考慮各種能力程度的人將如何使用你的產品，並在你的使用者測試中讓各種類型的人參與。對於視力較差或色盲使用者，你用的顏色可能沒有足夠的對比度。你的產品可能無法僅使用鍵盤輸入來瀏覽。這兩部分對於需要使用你的產品的某些人群是必要的，因此請在開發和原型設計期間考量他們的需求。

為了產品的成功，準備好一個你產品的使用者流程，並為你的特定原型創建另一個使用者流程。為了完成此流程，反覆思考草繪出不同的方式，來創建使用者所需的互動。這些草圖可能先畫在便利貼和紙張上，之後畫在你所選擇的視覺設計軟體中。這時也是時候處理你的網站或產品的資訊架構了。

當你確立了想前往的方向後，可以製作低保真原型，包括線框、紙上原型和可點擊原型。選擇你要測試的假設，然後決定原型中需要的使用者流程為哪個部分，以便測試該假設。中保真原型的流程相似，但在內容、視覺效果或保真度的其他方面更精緻。你可以自己製作程式原型，也可以與開發人員合作，用瀏覽器的最終媒介，讓原型具足夠的功能可進行測試。

高保真原型可以測試更多產品的細節。在這個等級測試你的動畫是很好的，可用來確認它們是否具足夠開發價值。透過使用高保真原型與開發團隊進行溝通，你可以更了解開發設計的可行性和所需時間。

把這些原型類型和保真度等級視作你的工具包，在需要時可以從中拿出所需。請記得寫下你正在測試的假設，然後選擇適當的保真度等級和原型類型，來證明或反駁該假設。最好的 UX 設計師和原型設計師不會依賴單一工具；他們會備有數個他們覺得可用熟悉的工具，並在特定時候選擇適用的。

現在你擁有了所需的工具，讓你可將腦海中的 app 或軟體構想，製作成經過測試的、精美的產品。

[6]

為實體產品進行原型設計

個人電子產品和實體運算正處於設計的蓬勃發展時期。由於電子零件的價格下降，使它們更易被取得，用於設計和創建帶有感測器的產品。在家庭或辦公室中，很容易將這些裝置與其他物聯網（IoT）物件連接起來。這些產品通常具有實體零組件，和用於控制或與裝置功能互動的軟體 app。本章的主要重點是智慧物件、穿戴式裝置和連接物聯網的產品。我不會深入探討傳統的工業設計和外型設計，其有自己嚴謹的原型設計案例。在本章中，我將帶領你前往成功之路，同時也讓你知道現實的障礙，你需要跨越這些阻礙創建出有用的實體產品原型。

從電子學開始

有很多方法可以讓你開始並涉足電子學。市面上不斷出現新套組，幫助你建構自製想要的電路和系統，包括來自 littleBits（littlebits.cc）、Adafruit（www.adafruit.com） 和 SparkFun（www.sparkfun.com）的套組。一些套組包含微控制器（整合在晶片上的微型電腦）、麵包板（免焊電路板）、連接器及各種感測器和輸出。這些套組，如圖 6-1 所示，是開始建構簡單電路的好方法。

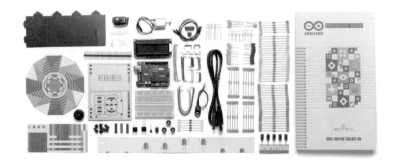

圖 6-1

Arduino 入門套組是獲取所需材料的最好方式（*https://www.arduino.cc/en/Main/ArduinoStarterKit*）

你可以購買特定主題的套組，像是馬達（*www.adafruit.com/products/171*）、WiFi（*www.adafruit.com/products/2680*）、藍牙（*www.adafruit.com/products/3026*），感測器（例如溫度、動作、觸碰等，*www.adafruit.com/products/176*），以及燈光（包括可以改變顏色的 RGB LED 或所有彩虹色調的 LED，*www.sparkfun.com/products/12903*）。其他套組，則有建構特定裝置所需的所有零組件，如圖 6-2 所示，是機器人套組。每一種都是以有趣的方式來嘗試電子學，且僅用少少的投資和低學習曲線。

你可以運用個別的零組件和感測器，將確切的輸入和輸出組合在一起，以符合特定需求。經過大量作業和測試後，你可以與工業設計師和工程師合作，建構適當的電路圖和規格，再與製造商合作，將你的設計展開至可生產的水準，最後作為產品銷售。

創建一個物聯網的新想法很簡單，但透過製作原型（如圖 6-3 所示）、測試你的概念、並調整你的想法成為可實作版本，你將有更大可能性得到商業利益相關者同意並投資。你將更被認真對待，並且你將能夠清楚地展示你的新產品的好處。

圖 6-2

此套組（www.adafruit.com/products/749）可讓你建構一個機器人，當它碰到東西時可以運用天線改變方向

圖 6-3

實體原型可以將你腦海中的想法實體化，有助於你與他人溝通

在新的電子裝置開發過程中遇到障礙是很常見的。此領域百家爭鳴，你需要對你的想法有明確的價值主張，或為何使用者將選擇你的產品而不是其他產品的主要原因。在原型設計過程中，將你欲解決的問題放在首位。持續採用使用者中心的方法，依此你將讓自己與大多數業餘愛好者有所區別，創建出成功的電子裝置。

實體產品的獨特之處

實體產品的原型設計，具有一些與數位產品不同的基本特性和流程。你必須關注的主要部分是，與功能相關的電子學和程式碼，以及實體產品的材料和觸感。

電子學

開始使用電子學似乎很困難，但它是一種有趣且有吸引力的原型設計！你將實際動手把你對產品的想法實體化，這是樂趣的一部分。你能測試你的想法、進行溝通、並改進它。設計智慧物件或穿戴式裝置的好處是，你可以選擇想讓哪個部分運作。不必依賴智慧手機製造商或特定操作系統；你可以發明出你所希望產品運作的功能。

設計實體產品的缺點是，你需要購買並了解如何使用電子零件以作出原型。像是如何用感測器收集資訊，包括溫度、光線、聲音、動作和壓力感測器或類比刻度表（圖 6-4）。你需要決定裝置如何與網路或其他裝置互動，如手機或電腦（透過藍牙、WiFi 或電線）。最後，你將設計不同的輸出方式，如燈光、聲音、視覺或觸覺。

你可以從入門套組開始，熟悉各種可用零組件。其中一個例子是 littleBits，它具有磁性連接的零件，可建構輸入和輸出的簡單電路（圖 6-5）。雖然它主要是為兒童設計的，但這種套組可以幫助你入門，讓你可創建出非常低保真的原型，並用各種零組件組合發明出有趣的使用案例。它使建構想法變得簡單，不需要太多的電子學知識。又它不需要焊接，因此很容易學習。

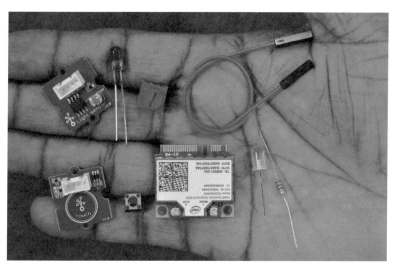

圖 6-4

你將需要各式各樣的零組件來製作你的電子原型（照片由 Flickr 用戶 Intel Free Press 提供）

圖 6-5

littleBits 套組包含許多用磁性連接的零組件（*http://littlebits.cc/kits/rule-your-room-kit*）

隨著你逐漸上手，你可以購買其他更複雜的套組來實現你的想法，例如圖 6-6 中的 Adafruit 馬達套組。過一陣子後，你將擁有一系列的零件，且會驚訝地發現，只要使用你手邊的材料便能快速地把想法做成原型。

圖 6-6
這個 Adafruit 的馬達套組由各種不同類型的馬達所構成（ *https://www.adafruit.com/products/1438* ）

一旦你對簡單電路更加熟悉，你就可以開始使用微控制器建構更複雜的電路。微控制器是一種電腦晶片，可作為電子原型的大腦（圖 6-7）。你可以為微控制器撰寫程式以控制其功能。大多數微控制器可以從感測器獲取輸入，根據你撰寫的程式進行分析，再傳送適當的回應給使用者。又或者它能將該資訊發送至它專屬的智慧手機 app，以將該資訊顯示給使用者看，就像活動手環一樣。

一旦你想要更能去控制實體原型的內部運作時，你將需要使用客製原始碼和個別零件，套組已無法滿足你。當你開始建構更高保真的

原型時，你將非常有可能需要將零件焊接在一起。焊接並不是太困難，但確實需要些設備（圖 6-8），且需要一些練習才能掌握它。

圖 6-7

Arduino Uno 微控制器提供給你的電子原型一個大腦

圖 6-8

入門級烙鐵

程式與除錯

你寫入電子原型的程式與數位產品的程式原型是不一樣的。這裡的程式使用不同的程式語言，且真的可控制所有連接到微控制器的零件。你可以將其與 Web app 的後端程式相比，但更多與微控制器內的迴圈和變數的功能相關。你將需要撰寫程式碼，但有一些捷徑可以幫助你更快開始。

藉由參與開源社群（人們在線上社群分享程式碼和專案，讓他人可取用並在其上建構），你的程式碼就有了起頭，在你完成後回頭與社群分享。關於線上分享程式，社群上有太多支援，因此若你要知道如何去撰寫所需的特定程式應該並不困難。

伴隨著程式碼的就是必然的除錯需求。程式碼可能會很難搞，你必須使用非常精確的指令和結構才能使其運作。如果你少了一個逗號或括號，你的微控制器即可能無法感知你的感測器或處理你要求的數學運算。這些現象，就是為什麼我建議在將所有零件立即組合在一起之前，先在較小單元中進行測試的原因。從單一零件的程式開始寫起並對其進行測試。你在一個原型中的零件和程式越多，就越有可能出現錯誤，相對地越難找到是在哪個程式碼片段或電路連接上發生問題。

稍後，我將給你一些提示，關於當你最終需要時，如何去進行除錯。（每個人都會遇到的！）這可能令人沮喪，但當你弄清楚你的程式或電路有什麼問題並修復它時，你將能感受到最純粹的快樂，而你的原型因此完美地運作著。

材料和觸感

材料為實體產品中關鍵的一塊；它是產品體驗額外的一個面向。你控制了外表摸起來怎樣，以及各種輸出如何與使用者的觸感互動。這種觸感互動是獨立運作智慧物件的一部分，尤其與使用者持續接觸的穿戴式科技更是如此。不同的材料的應用，可能讓觸感更好或更差（圖 6-9）。當你進行電子裝置的功能設計時，你需要決

定產品會放在哪裡，無論是在房屋內（架上、檯面上、床邊）還是在身上（手腕、頸部、上臂），以及它將如何互動（光、聲、振動馬達）。

圖 6-9

根據其應用，穿戴科技需要各種的材料（圖片由 Flickr 用戶 Intel Free Press提供）

為你的裝置創建使用者流程，有助於你了解材料將如何影響使用者。使用者主要將在哪裡與之互動？決定此裝置是放在定點，還是隨使用者移動。使用者是否每天或每月才碰觸一次此產品？以上所有這些因素將幫助你決定所需材料的類型，因此請將它們寫在產品的使用者流程中。

當設計非穿戴式智慧物件時，請留意這些物件將所處的環境。你如何做出最好的原型，並在真實環境中測試你的想法？如果你正在設計智慧體重計，你將需要在各種可能的浴室地板類型及各種尺寸的浴室中測試。適用於有瓷磚地板的豪華浴室中的體重計，可能不適用於有地毯的小型套房浴室。其外殼的材料將需要適用於瓷磚、亞麻地板或有地毯的地板。

穿戴式裝置的一個重要考量因素，是確保材料不會引起過敏反應，並思考此物件將如何被維護或清潔。例如，若你正設計運動用的穿戴式裝置，材料上請考慮使用矽或合成橡膠，因這兩種材料可以耐受汗水和持續性的動作。又或是，如果你的穿戴式裝置設計為珠寶飾品，則要採用不會刺激皮膚的表面金屬材料，並避免容易引起過敏反應的鎳等金屬。你可以考慮將電子裝置放入可拆卸和清潔的外殼中，例如 Fitbit 或 Misfit 的活動式手環（圖 6-10）。接觸皮膚的錶帶是可清潔的，你可以將小型電子零件從錶帶中取出以進行錶帶清潔。

圖 6-10
Misfit 的錶帶與電子零件可分拆，便於清潔

在整個開發流程中，你可以藉原型設計來測試不同類型的材料、外型和擺置，以幫助你決定要進行的方向（圖 6-11）。一旦確定了裝置要放的地方，測試時盡可能靠近預計要放的位置且使用適合的材料，以便你可以獲得有關外型和材料問題的回饋。可能在測試時，會發現你裝置的最佳位置不是手腕（特別是當前所有其他裝置都在那裡），因而設置一個讓使用者將產品放在上臂或腳踝上的替代錶帶。

圖 6-11
材料選擇對於實體產品的原型至關重要

你將為你的產品選擇數種不同類型的材料。表面和表面處理材料是使用者會直接接觸互動的,例如塑膠、木合板或織物。你需要考慮的另一種材料類型,是製造生產時所用的材料(例如射出成形的塑膠材料或 CNC 銑削的鋁材)。有關材料設計更多的資訊,請查看這些書籍:

- Chris Lefteri 的「*Materials for Design*」(暫譯:設計用的材料,Laurence King Publishing 出版)

- Chris Lefteri 的「*Making It: Manufacturing Techniques for Product Design*」(暫譯:產品設計的製造技術,Laurence King Publishing 出版)

- Mike Ashby 和 Kara Johnson 的「*Materials and Design*」(暫譯:材料和設計,Butterworth- Heinemann 出版)

材料的選擇直接影響產品的觸感。你的產品需要什麼樣的接觸點?你可能需要螢幕、按鈕、觸覺或動作感測器,來收集特定的使用者手勢動作(圖 6-12)。你對觸覺零件所做出的決定,即決定了需要建構怎樣的原型來測試這些零件,先單獨測試再做整體產品測試。

圖 6-12
實體原型需要指定接觸點

市面上的每個零件都有各種不同的類型和形狀可供購買。如果是按
鈕，你希望按鈕按下去的感覺如何：是帶有機械聲的、或平滑無縫
的？你應該訂購幾種不同類型的按鈕，並嘗試放在不同的原型上，
例如拱型凸按鈕和較小的平滑按鈕（圖 6-13）。而螢幕會形成可點
擊區域，因此螢幕的大小會影響表面的觸感。根據產品介面適合的
螢幕大小去選用適當螢幕。你可能能有如刻度盤或滑軌這樣的觸覺控
制。作為設計師，你要去選擇產品互動所要的感覺，以及它們如何
為產品的整體體驗和個性帶來影響，相較在數位產品上，你只需考
慮介面看起來的感覺，而不需考慮觸碰的感覺。

圖 6-13
各種形式的按鈕
—「產品的觸感
包含其互動點，
如按鈕、螢幕和
任何使用者會接
觸到的地方」

進行實體產品原型設計的準備

在開始原型設計之前，請花些時間整理好你的想法並準備原型計畫，以確認你需要創建的內容。根據你依循的原型設計流程（請參閱第四章），你應該已經了解你的使用者是誰，以及你要為他們解決的問題。你可能已經寫下了使用者流程，來了解使用者的互動點，或是寫下你預計要使用原型來測試的假設。

使用上述準備來決定你要製作的原型範圍（一個零組件、多個零組件或整體體驗），以及哪些功能需寫程式到原型上。現在是重新審視第三章不同保真度面向的好時機，依照原型的使用決定面向的優先順序。

例如，如果我正在建構穿戴式活動手環，並想測試它如何融入使用者的日常生活、及其舒適度，因此，我需要較高的保真廣度，以得知使用者互動的整體性觀點（圖 6- 14）。但我不需要深入研究手環能追蹤怎樣的個人活動，因為我只著重互動的大方向概況。因此對於這個原型，我將專注於材料和基本輸入（按鈕）和指示追蹤功能的輸出（燈光和振動），不用實際執行資料紀錄，也不用將其與智慧手機 app 連接以傳送活動紀錄。

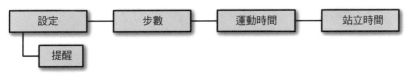

活動手環功能

圖 6-14
在此圖中，說明了我欲建構活動手環原型所需的廣度和深度

除了你依照要測試的假設所訂出的使用者流程和範圍外，創建初始電路圖及購買所需零組件也是有助益的。這兩者可能落入先有雞還是先有蛋的困境，且隨時會有變化。你可以任選一個先行，但在購買零件之前，先了解零組件將如何組合可能會有幫助。

如果你是電子學的新手，現在是閱讀電子學運作基礎的好時機，這樣就可以了解你將需要什麼材料和基本安全性。我最喜歡的基礎知識資源，包括這個基本電子學教學網站（*http://www.instructables.com/id/Basic-Electronics/?ALLSTEPS*）和 SparkFun 的學習系列（*learn.sparkfun.com/tutorials/where-do-i-start#starter-tutorials*）。當你運用電時，是真的會有安全上的風險，所以請保持安全並確認你有足夠知識，不至於被電擊或讓原型著火！

電路圖

電路圖或草圖是設計智慧物件原型功能很好的第一步。根據你的使用者流程和範圍，決定原型將由哪些零組件組成。這個草圖將決定各個零組件如何相互作用，及與控制裝置的微控制器互動（圖 6-15）。你的基礎電路將各個零組件連接在一起，不是畫在紙上，就是與微控制器組合在麵包板上，（圖 6-16）。這些低保真草圖是製作**電路概要圖**（*schematic*）的第一步，其為一個詳細的圖表，顯示了電路上所有的電子元件，之後可將其用來專業製造生產成電路板。

圖 6-15
你可以繪製一個電路，來思考零組件如何組合在一起

圖 6-16
或你可以用麵包板來試做簡單電路

你可以數位方式建構你的電路,像使用 Fritzing(fritzing.org/home)軟體,Fritzing 是一開源硬體設計的倡導,其中有零組件資料庫可用於建構精細電路。一旦在 Fritzing 中建構電路後,你可以將其轉成電路概要圖或印刷電路板(PCB),以檢查其外觀和功能。

或者,如果你之前沒有製作過電路,請用說故事方式寫下不同的感測器和輸出如何協同作業,並繪製它們如何進行互動。你可以使用標準的「如果⋯則⋯」語法來敘事。例如,關於狗的遠端智慧感測器:

- 如果動作感測器被狗觸發

- 則拍照

- 則將該圖片傳送到狗主人的手機

- 如果狗未觸發動作感測器,則不執行任何動作

基於這個故事敘事，我知道我需要一個動作感測器輸入、一個相機輸入、一個可連接 WiFi 的微控制器、以及一個後端將圖片傳送到特定手機號碼。圖 6-17 用電路表述了該故事概念。

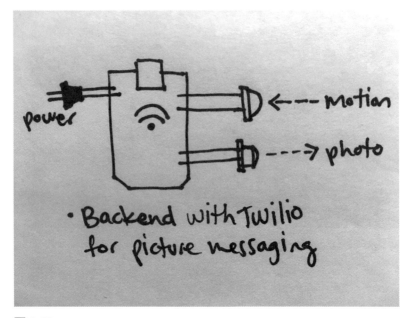

圖 6-17
該電路的圖示

這個故事給了我一個很好的起點，我可以據此購買我需要的適當零組件了；它也給了我的虛擬碼一個良好的開端，這樣我就可以撰寫我的微控制器所需的程式碼。

電路圖和麵包板電路都是原型，可與懂電子的朋友一起測試。向他們展示你的電路圖，讓他們看看你的這個電路是做什麼的。如果他們說的是正確的，那就太好了！如果不是，你可以分享你的原型原本預期如何運作的，以獲得有關如何改進電路圖的回饋。

獲取材料

準備的下一步是購買建構原型所需的零組件和材料。電子元件和零組件的價格，從幾分美元的電阻，到數百美元的 LED 點矩陣不等（圖 6-18）。你需要去取得原型所需的特定組件，但有一些方法可以在不購買最昂貴零組件的情況下，對互動想法進行原型設計。你可以建構類似互動的測試，但使用與最終版本不同的組件來測試它。或者你可以把想法撰寫成 HTML 版本，在投資實際零組件之前先用這個對使用者進行測試，例如較昂貴的 LED 點矩陣。

圖 6-18
便宜與昂貴的組件

你可能需要設置一個電子產品工作區，備有一些基本材料，包括電線、剪線鉗、烙鐵和焊錫、萬用表 / 三用電表、各種 LED、麵包板、電阻、一些按鈕、旋鈕和刻度表，以及各種感測器（圖 6-19）。透過購買這些基本的零組件清單，你將擁有建構初始低保真原型大部分所需的材料。在某些時候，你將需要微控制器，市面上有很多種微控制器可供選擇。

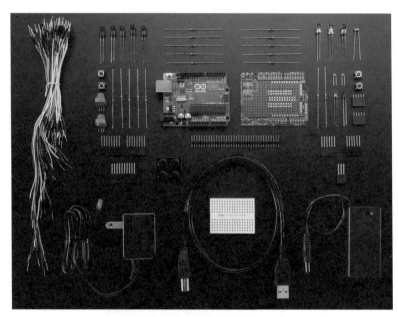

圖 6-19

購買零組件的入門套組是開始建構原型的好方法（*http://www.adafruit.com/products/68*）

我最喜歡常備的一些微控制器包括 Arduino Uno、Arduino Micro、Trinket、Gemma 和 Flora（用於縫紉）和 Photon（用於 WiFi）。它們的價格從 7 到 25 美元不等，且具備不同的能力（表 6-1）。一些較便宜的微控制器沒有序列輸入（從電線獲取資訊），但它們非常適合用於低價的原型。另一個選擇原型微控制器的要素是它的尺寸。低保真原型可以使用較大的微控制器，如 Uno，但隨著設計變得更加精細，你需要轉用較小的微控制器。在原型設計流程後期，你很可能會設計自己的電路板和微控制器以符合你的確切規格，但在此之前，你應該使用市面現有的先好好進行測試。

表 6-1　一些很棒的微控制器，其具體價格、優點、以及有多少可用接腳
（pin）

名稱	價格（美金）	優點	類比接腳數，數位接腳數	使用語言
Arduino Uno	$24.95	很好的入門等級、易使用，特別適用與麵包板	6, 14	Arduino/C variant
Arduino Mega	$45.95	大型且功能強大、有較多記憶體和接腳	16, 54	Arduino/C variant
Raspberry Pi	$39.95	基於 Linux 的單晶片電腦、HDMI 輸出、可播放 video HD	無（無 ADC）, 8	任何可用於 Linux 的語言
Trinket	$6.95	很小且便宜、3V 或 5V 版本、沒有序列埠	3, 5	Arduino/C variant
Gemma	$9.95	很小且可縫紉，沒有序列埠	1, 3	Arduino/C variant
Flora	$14.95	完全相容、適用於穿戴式專案非常好、有序列埠	4, 8	Arduino/C variant
Photon	$19	能用 wifi、RGB LED 狀態燈、可用 SDK 控制或從智慧手機的無線程式設計	6, 8	Arduino/C variant
LightBlue Bean	$34.95	可用藍牙、有加速計、溫度感測器、板子上有 RGB LED、有手機 app 可控制或無線程式設計	2, 6	Arduino/ C variant, wireless programming

根據你的電路圖和使用者流程，你可以購買建構原型所需的確切零
組件。每個零組件請多購買幾個備用品，因為有些較小和較脆弱的
零組件很容易弄壞。

我最喜歡在以下地方購買零組件。

設計最好的、最易於使用的商店和教學：

- Adafruit（*www.adafruit.com*）

- SparkFun（*www.sparkfun.com*）

- Maker Shed（*www.makershed.com*）

較需技術基礎的商店：

- Jameco（*www.jameco.com*）

- All Electronics（*www.allelectronics.com*）

- 全球速賣通 AliExpress（*http://bit.ly/2gPCd3K*）

- eBay——如果你確切知道你需要什麼的話

若需客製電路板：

- OSH Park（*https://oshpark.com*）

低保真實體原型

實體產品的原型保真度程度，並不像數位產品那樣能區分這麼明確。實體產品的低保真度可能看起來更像中等保真度，因為你已經將實際的實體零組件接在一起而不僅僅以紙張為媒介。從使用者的角度來看，電子元件的本質讓實體原型的體驗更加明確，因其初始原型即用實體方式展現。以低保真度進行原型設計，其中較困難的部分，是你的想法仍處於早期階段。因此，在介紹你的低保真實體原型前，最好說明清楚所處的開發階段，以設置適當的期望。

麵包板

使用麵包板（用於建構電子電路的免焊結構基座）和一個微控制器（圖 6-20），是低保真原型很好的起點，也是我最喜歡的原型電路設計的方式。你可以使用短的實心芯線（與由許多較小股線組成的絞合線相反）或跨接線，並將端部插入麵包板和微控制器。使用實

芯或焊接過尖端的絞合芯線非常重要，以便於插入和拉出麵包板。相信我，嘗試將有彈性、絞合的芯線塞到電路板上的特定小點上並不是一件有趣的事情！

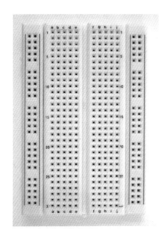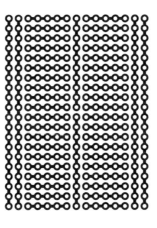

圖 6-20
麵包板讓你製作免焊電路，右側是內板連接的方式，包含電源列和有編號的行

有時使用帶有接頭的微控制器是有幫助的，這樣你就可以將其插入麵包板，如圖 6-21 所示。或者，你可以將接頭焊接到任何其他微控制器上，以便更快地進行電路的原型設計

圖 6-21
有帶和不帶接頭的
Trinket 微控制器

由於價格（25 美元）、通用性和線上社群支援的關係，Arduino
Uno 是初始微控制器的絕佳選擇。Arduino 公司是一個開源電子平
台，銷售各種不同的微控制器，具有完整社群支援和良好產品紀
錄。Uno 非常適合低保真原型，因為它上面已有接頭，你可以免焊
直接將線路插入 Uno，並使用麵包板來建構其他部分的電路（圖
6-22）。

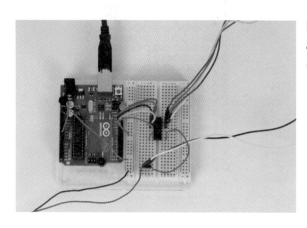

圖 6-22
Arduino Uno
與麵包板

例如，如果我想創建一個電子郵件通知器，在每次收到新電子郵件
時會更改 LED 的顏色，因此我建構了兩個不同的電路以低保真度
對其進行測試。一個電路設置了 LED 並寫入隨機改變其顏色的程
式，第二個電路（實際上只有程式）將從我的電腦獲取電子郵件數
量並將其傳輸到 Arduino。圖 6-23 顯示了這個電路圖的樣子。

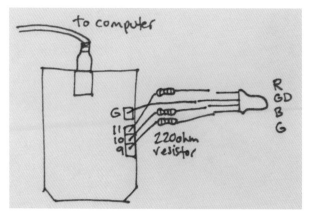

圖 6-23
電子郵件通知器
的電路圖

圖 6-24 顯示了我的麵包板的樣子。上圖的電路中,我加了兩個按鈕,在收到電子郵件時和讀取後,分別「偽裝」打開和關閉燈,我想用這樣的設計來測試程式碼。下圖的電路則是電子郵件通知器的最終版本。

圖 6-24
麵包板與已就位的 LED

現在我需要撰寫這兩部分的程式碼以測試這個想法。

要開始使用麵包板設計，你可以從 Adafruit 網站或 Arduino 網站購買入門套組，並從「*Arduino in a Nutshell*」（O'Reilly）一書中了解 Arduino 的基礎。如果你不想購買整個套組，則至少買一些常用零組件，如本章「準備」部分所述。一旦你動手開始，你將能輕鬆創建各式各樣不同的電路，只需偶而加買一些零組件。

ARDUINO 的程式碼

除了建構實際電路外，你將需要撰寫微控制器的程式碼。網路上有很多可參考的內容，可以讓你搞清楚如何撰寫所需程式碼，透過使用開放原始碼範例，更是幾乎已幫你完成大部分工作。Arduino 是一個很好的起點，由於其健全的社群和過往紀錄。你將能夠找到許多專案範例的程式碼，讓你可以不需要從零開始。

Arduino 微控制器的程式碼是由特殊方式寫入，使用簡化版的 C ++ 程式語言方式。並用名為「sketch」的檔案格式保存（不要與設計軟體 Sketch 混淆），其他微控制器檔案格式可能略有不同，本書我將主要聚焦在 Arduino 上（見圖 6-25）。你將需要下載 Arduino 軟體，並將微控制器連接到電腦，以便程式碼的傳輸。我將作一個概述，讓你了解其內容。如果你想深入了解此程式設計，請查閱以下書籍：

- Simon Monk 的「Programming Arduino: Getting Started with Sketches」（暫譯：Arduino 程式設計：從 sketch 開始，McGraw-Hill）

- Charles Platt 的「Make: Electronics」（暫譯：製作：電子產品，Maker Media）

- Michael Margolis 的「Arduino Cookbook」（暫譯：Arduino 開發手冊，O'Reilly）

```
Blink | Arduino 1.0.5

Blink

/*
  Blink
  Turns on an LED on for one second, then off for one second, repeatedly.

  This example code is in the public domain.
*/

// Pin 13 has an LED connected on most Arduino boards.
// Pin 11 has the LED on Teensy 2.0
// Pin 6  has the LED on Teensy++ 2.0
// Pin 13 has the LED on Teensy 3.0
// give it a name:
int led = 13;

// the setup routine runs once when you press reset:
void setup() {
  // initialize the digital pin as an output.
  pinMode(led, OUTPUT);
}

// the loop routine runs over and over again forever:
void loop() {
  digitalWrite(led, HIGH);   // turn the LED on (HIGH is the voltage level)
  delay(1000);               // wait for a second
  digitalWrite(led, LOW);    // turn the LED off by making the voltage LOW
  delay(1000);               // wait for a second
}

1                                      Arduino Uno on /dev/tty.Bluetooth-Incoming-Port
```

圖 6-25

Arduino 的整合開發環境（ integrated development environment，IDE ）

一個「sketch」的三個主要部分是變數、設定函數和無限迴圈（圖
6-26）。圖 6-27 是一個打開和關閉 LED 的「sketch」案例，稱為
「Blink（閃爍）」。變數是一種命名和儲存值的方法，稍後就可以
在迴圈中引用該值。你必須在程式碼的開頭特別宣告這些變數，
因此當你要求對變數執行某事時，能讓微控制器知道你所指的是
什麼。你最常使用的變數會是整數，整數可以儲存數字型態的
值，且關連此值到變數名稱。你會注意到在 Blink 的 sketch 中（圖
6-27），我們宣告了一個 LED 接腳的整數值。如此一來我們就知道
後面程式碼後所指定的接腳值。

```
#add some libraries

int /*set up some variables*/ = set

void setup () {
    //set up some stuff
    variable = 23
}

void loop () {
    //the good stuff
    if (something)
    {
        do this to variable
    }
    else if (something else)
    {
        do this instead to variable
    }
    else ()
    {
        this will happen
    }
    other actions such as saving variable
}
```

圖 6-26

程式碼的基礎：變數、設定函數、無限迴圈

```
int led = 13; //says that there's an LED connected to pin13
// the setup routine runs once when you press reset:
void setup() {
  // initialize the digital pin as an output.
  pinMode(led, OUTPUT);
}

// the loop routine runs over and over again forever:
void loop() {
  digitalWrite(led, HIGH);   // turn the LED on (HIGH is the voltage level)
  delay(1000);               // wait for a second
  digitalWrite(led, LOW);    // turn the LED off by making the voltage LOW
  delay(1000);               // wait for a second
}
```

圖 6-27

閃爍（Blink）的「sketch」檔

你可以在程式碼最上方加入函式庫，以在特定零組件使用其預設程
式碼來節省時間（圖 6-28）。Adafruit 為其各種零組件提供了許多
函式庫，因此可以更快地運用它們去開發。例如 RGB LED 的函式
庫中已經內建了彩虹模式和隨機顏色產生模式。

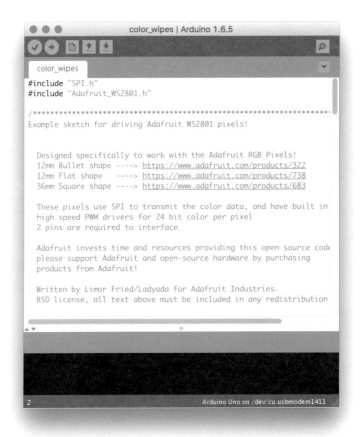

```
● ● ●                    color_wipes | Arduino 1.6.5

 ✓  →  ☐ ☑ ☒                                              ⌕

  color_wipes                                              ▾
#include "SPI.h"
#include "Adafruit_WS2801.h"

/****************************************************************
Example sketch for driving Adafruit WS2801 pixels!


Designed specifically to work with the Adafruit RGB Pixels!
12mm Bullet shape ----> https://www.adafruit.com/products/322
12mm Flat shape    ----> https://www.adafruit.com/products/738
36mm Square shape ----> https://www.adafruit.com/products/683

These pixels use SPI to transmit the color data, and have built in
high speed PWM drivers for 24 bit color per pixel
2 pins are required to interface

Adafruit invests time and resources providing this open source code
please support Adafruit and open-source hardware by purchasing
products from Adafruit!

Written by Limor Fried/Ladyada for Adafruit Industries.
BSD license, all text above must be included in any redistribution

 ▲▼
2                              Arduino Uno on /dev/cu.usbmodem1411
```

圖 6-28
在程式碼的最上方呼叫函式庫

設定函數則是在程式一開始運行一次,並指出你每個變數的起始值(如果需要的話),以及在程式碼迴圈之前需要起始的任何其他內容。

無限迴圈則是程式的主要內容,用來告訴微控制器實際上要做什麼。它被稱為迴圈是因為它會自己一遍又一遍地重複,直到你告訴它停止或直到你的裝置電量耗盡。你可以在此區域撰寫許多不同的內容:if / then 敘述(類似於「if this then that」)、基本數學、讀取感測器和寫入輸出。由你決定希望這個微控制器去做的事情。

有關 sketch 的更詳細介紹，請參閱 Arduino 中的教學（*https://www. arduino.cc/en/Tutorial/Sketch*）。

虛擬碼

我在進行原型程式碼時，使用了一個有用的技巧：先用虛擬碼寫出我想要的運作。*虛擬碼*（*Pseudocode*）用說故事的方法來撰寫程式。它類似於為你的電子裝置寫下使用者流程，但這個故事需要更多實際細節。深入了解你有的真實輸入和輸出，以及如何運用這些輸入。你要開始弄清楚一些數學，是程式碼迴圈必須執行運算的。如你要確定你正在使用的接腳數有多少，是否需要數位或類比的，以及你希望迴圈運行的頻率。

以之前提過的電子郵件通知器為例，如果我每次收到電子郵件時就會變更 LED 顏色，則我會寫下的虛擬碼故事如下：

> 檢查我的新電子郵件數量。
>
> 拿這個數量看看它是否比之前的電子郵件數量多或少。
>
> 根據結果採取行動：
>
> ◦ 如果較多，我有新電子郵件，因此請打開 LED 或變更 LED 顏色。
>
> ◦ 如果較少，我一定是已經讀了一些電子郵件，因此請關燈。
>
> ◦ 如果數量是相同的，即什麼都沒發生，因此請不要做任何動作。
>
> 儲存新的電子郵件數量以供下次使用。

現在我已經把故事寫出來了，可以看到我需要將電子郵件的數量存為變數，以便在下一次迴圈中使用它，我將需要對電子郵件數量進行一些數學計算，且我將需要一個 if / else 的陳述來決定要有怎樣的輸出。現在我可以開始在谷歌搜尋，找到可以填補上述空白、我所需要的程式碼。

Arduino 有龐大的線上開放原始碼社群，上面有許多微控制器程式碼和專案。其上有各種類型的專案，你至少可從其中找到一些可用的程式碼作為開端，社群上也非常鼓勵你利用上面的程式碼並改進它！如果你之後把完成的作品分享回社群裡，讓各種專案持續改善，將對社群非常有幫助。

對於我的電子郵件通知器範例，我想搜尋可從 Gmail 中計算電子郵件數量的專案。於是我找到了 ardumail 專案（*https://github.com/RakshakTalwar/ardumail*），幫助我有基礎程式可使用。

要進入電子郵件帳號計算數量需要用到 Python，這是一種可在操作系統上運作的高階、通用的程式語言。Python 的優點在於它的可讀性設計，因此你可以透過閱讀其內容來理解其功能。在我建構這個專案之前，我沒有使用過 Python，但我能從之前的相關專案中，找到可用的程式碼片段，稍作調整後套用在我的作品上。你很快就會知道如何運用其他的專案，再套用在你的作品上。

電子郵件通知器的腳本（如圖 6-29 所示）在電腦上、使用電腦的 WiFi、登入你的 Gmail 帳戶、檢查電子郵件的數量，再將該數量傳送到 Arduino（如果是線路連接的話則透過序列埠傳送，或透過 WiFi 或藍牙傳送）。你也可以使用像 Raspberry Pi 這種支援 WiFi 的微控制器，就無需使用電腦。但你仍然需要 Python 腳本去登入並檢查你的電子郵件。

Arduino 本身進行著數學運算（圖 6-30）。你可以看到我定義了幾個不同變數，讓 Arduino 進行數學運算，並且我也設置了輸出和序列埠。我定義的變數包括：

ledPin

　　每次收到電子郵件，該 LED 會改變顏色

val

　　Arduino 從序列埠接收到的值

emailnumber

電子郵件數量的初始值，當我從序列埠接收到新數值時將替換
之

lastemailnumber

每個迴圈結束時的所儲存的電子郵件數量值，用來與下一個迴
圈中的新電子郵件數量進行比較

請記住變數命名的具體限制；名稱必須是一個不帶空格的單字。

圖 6-29
電子郵件通知器的 Python 腳本

圖 6-30
電子郵件通知器的 Arduino 程式碼

我的設定函數包括：將 ledPin 設置為輸出（而不是輸入），並啟動序列監測。在迴圈中，你可以看到 Arduino 做的數學運算。其在下一個迴圈前，後段的 Arduino 程式碼將 emailnumber 存為 lastemailnumber。這樣的陳述與我們先前撰寫的虛擬碼完全一致，但現在它有適當的語法和程式碼。

網路上遍布開源程式碼和教學的專案。你只要透過谷歌就能搜尋到所需的程式碼，或者你可以查看以下我最喜歡的一些網站，來學習電子產品的程式：

- Instructables（*www.instructables.com*）

- Adafruit 的學習平台（*learn.adafruit.com*）

- SparkFun 的教學（*learn.sparkfun.com*）

- Arduino 的教學（*http://bit.ly/2gNp7Ek*）

- Makezine（*makezine.com/projects*）

網路上不斷有新的電子產品教學網站出現，你可以多留意這些啟發你靈感的專案。請務必查看以下創客，了解他們如何衝撞原型設計的疆界、及創建如此等級的電子產品。

Anouk Wipprecht

一位時尚科技設計師，將微控制器、未來主義的 3D 列印和高端時尚結合在一起，創造出美麗的、穿戴式的體驗。

Richard Clarkson Studio

一個實驗性家具、照明和產品工作室，創造和發明各種驚奇又絕妙的電子產品，包括 Cloud 雲朵和 Sabre 燈。

Becky Stern

一位結合電子、穿戴式和紡織品設計的創客大師，創建了許多極出色的專案，常作為 YouTube 上的教學。她之前曾在 Make：和 Adafruit 工作過，現在是 Instructables 的內容創作者。

低保真零組件原型

一旦你學會如何建構小型電路和撰寫基本程式，就可以開始將各個主要零組件進行原型設計和測試，再將它們組合在一起。這樣的流程讓你可以更容易進行除錯（除錯是無法避免的）。除錯時常發現的錯誤包括：在程式中使用了冒號而不是分號，或缺了括號；以及在電子產品上的焊接不良、電壓不適合、缺少電阻、甚至是麵包板上線路拉的距離不夠。

每加一個零組件到你的專案產品上，就增加了複雜程度，也增加了除錯時要檢查的事項。將你的想法透過零組件一個個建構起來，可以減輕一些擔憂，因為你將穩健地依序寫下程式碼，並只需在將它們組合在一起時檢查接合點。此流程在其他領域有時被稱為單元測試。但在這裡，我將它們稱為零組件原型。

例如，我製作了一個「變色龍包」（如圖 6-31 所示），可以感知包包內部放了哪些東西和以及缺少的品項，藉由 RFID 感測器的輸入（此感測器同樣用於識別證的安全識別），與一個有 49 個 RGB

LED 控制板（可以改變顏色）的輸出相結合。我發現自己老是會把重要物品忘在家裡或辦公室，比如我的鑰匙或手機，導致我必須跑回去拿造成約會遲到。我需要一種方法來提醒我忘了什麼，這樣我才會記得拿。最終的產品必須是我每天都會用到的東西，且需具備功能性，不能僅是提醒我忘了什麼。因此，我決定製作一個智慧型包包，除了可裝下所有我的個人物品，還有空間可容下電子裝置！

RFID 讀取器可以追蹤包包內的物品，如果你忘了東西，LED 的顏色和動畫會提醒你。我製作的第一個原型是要測試 RFID 讀取器的感測器輸入。因此我為我的 Arduino 撰寫了程式來獲取感測器輸入，以測試它是否正常運作。然後在另一個 Arduino 上，我連接到 RGB LED 並撰寫其程式碼，以創建不同的圖案樣式、顏色和動畫（圖 6-32）。我在兩個組件各自單獨運作沒有錯誤之後，我才將它們組在一起，並將兩組程式碼合成最終形式（圖 6-33）。

圖 6-31
如果你忘了一些東西沒放進來，「變色龍包」會發出警示

圖 6-32

我先個別撰寫了 RGB LED 的程式碼

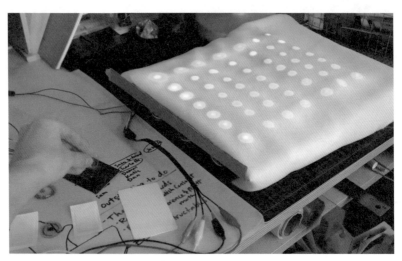

圖 6-33

然後我將 LED 連接到 RFID 讀取器進行測試

進行零組件原型設計的另一種方法，是創建一個類比的原型來測試一個想法。你不一定需要真正零組件來測試你想法的程式和可行性，特別是當你所需零組件較昂貴或較大型時。你可以用實際零組件的替代品，先建構低保真原型。

舉例來說，互動設計師 Lisa Woods 希望創造一種大型體驗，讓訪客可以透過轉動盤子般大小的刻度表，來變化巨大投影式壁畫的色彩。但一開始她沒有使用盤子大小的刻度表，而是使用小型電位器和單個 RGB LED 作為替代（圖 6-34）。

這個類比的原型具有與最終產品相同的互動模式，但是用較合理的規模先測試其可行性。如果她發現這個想法不夠有趣，或者她的觀眾不喜歡此原型，那麼她可以較無損失地將此專案轉向。而完成此原型後，她能夠重複運用其中的程式碼，建構一個更接近預想規模的更大版本（圖 6-35 和 6-36）。

圖 6-34
Lisa Woods 在投資大型材料前，先建立了一個類比的原型來測試她的想法

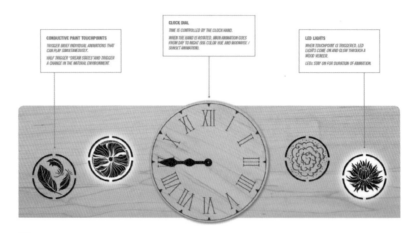

圖 6-35
電位器原型演化成鐘 / 手互動的裝置藝術

圖 6-36
最終版本的大型「數位夢想家（Digital Dreamer）」裝置藝術，由 Lisa B. Woods、Ryan Padgett、Sarah Thomas 和 Kevin Reilly 所作

中保真實體原型

大多數實體原型都落在中保真範圍內。可以在某些地方提高保真度，但你可能需要多個原型才能獲得產品的完整體驗。我將展示一些如何建構原型的範例，這些原型將幫助你溝通特定的設計意圖，或測試你的假設和想法的功能性。

中保真零組件原型

與低保真組件原型類似，你可以使用多個較不複雜的原型來測試一個大型的想法。如果可以先個別測試產品的部分體驗，它將幫助你更快地開發，而不是等到你能開發出完整、完美代表其運作時才測試。

在開發的這個階段，你仍將使用較大的電子零組件，像是透過麵包板或焊錫來創建原型。由於你將讓人們與這些原型進行互動，因此你的連接點需要更加穩健。如果你使用麵包板，請將在連接點上使用一些膠帶或將整組微控制器和麵包板放入防護殼中。如果你正焊錫，請確保你的焊點牢固，並在連接處周圍使用熱收縮管及管套加上額外支撐（圖 6-37）。隨著你的原型經驗越來越多，你將了解建構原型所花費的時間，與測試所需的穩健性之間如何取得平衡。

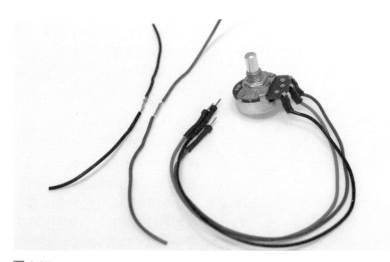

圖 6-37
左側是裸的焊接點；右側則是是有熱收縮管及管套包住的焊接點

為了較好理解，我將帶你深入了解穿戴式脈動臂帶 Tempo 的原型製作過程（圖 6-38）為例來說明。在開發過程中，我創建了六種等級的原型，每個原型都用來測試產品的特定部分。臂帶的最初目標是透過觸動節奏，讓使用者專注於手上的任務以提高效率。為證明這個目標的可行性，我有很多假設需要進行測試。

圖 6-38
Tempo 臂帶的成品

我製作的第一個原型是用來測試電路和零組件的設置。我不太確定振動馬達的輸出是否過於分散注意力或有電動感，所以我使用了一個小的 Trinket 微控制器和麵包板來建構電路並進行測試（圖 6-39）。我測試了一些不同的觸動馬達，其結果幫助了我決定下個版本要使用哪一個馬達，也幫助我了解如何在臂帶上建構，以便我的下一個版本可以讓使用者進行測試。

第二個原型則快速而便宜，我的目標是測試使用者手臂是否對此觸動有感（圖 6-40）。由於使用了我為第一個原型撰寫的大部分程式，因此這個原型只花了 15 分鐘製作，成本不到 15 美元。我使用了 Trinket 微控制器、鈕扣電池、電位器和兩個振動馬達。我讓使用者測試了這個原型，看看他們是否對脈動節奏的振動，產生正面或負面的反應。我做了一個鬆的臂帶，讓使用者可以在手臂套上這個早期模型並提供更好的回饋。

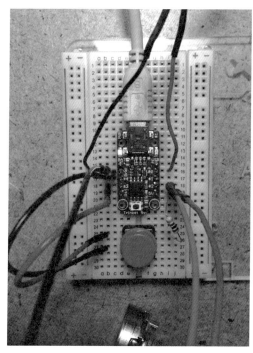

圖 6-39

我用 Trinket 和麵包板建構
了一個測試電路

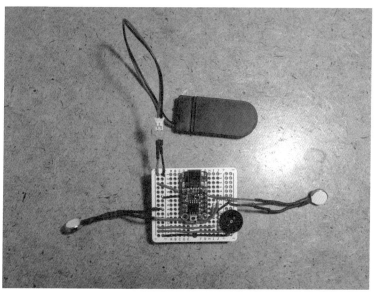

圖 6-40

第二個原型測試了使用者手臂是否對此觸動有感

透過使用這個原型，我可能會得知使用者非常厭惡這種觸動，在付出很少的時間或金錢的情況下，我會隨即調整專案方向。然而，實際與使用者一起測試臂帶後，我了解到他們對這樣的觸動輸出是可接受的，於是我決定繼續往下一個原型推進。

第三個原型則相對精美了些（圖 6-41），讓我可隨身配戴並從許多人的回饋中有所得。我的目標是測試特定的脈動速度，並找到產品出貨時可預先設定的脈動模式。我設計了原型讓一些使用者較長時間佩戴，看看它如何影響他們的工作效率和其他活動。

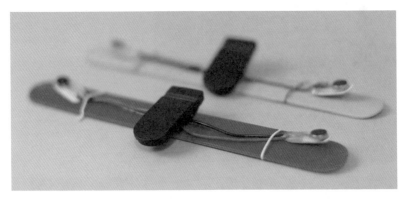

圖 6-41
第三個原型測試了特定的脈動速度

我使用了相同的 Trinket 微控制器和振動馬達，但我從之前的原型了解到電線需要加固，以便原型可以持續更長時間並經得起不斷使用（圖 6-42）。因此我為臂帶加上了彈性環，這樣使用者就可以輕鬆穿戴和使用。

我學到的一個見解是，在特定的速度下的脈動若具有與手機鈴聲相同的模式，這時的觸動對使用者來說是令人緊張的。由於這種反應，我改變了之後原型振動的節奏。另一個見解是使用者如何將原型放在令人驚訝的位置（圖 6-43）。大多數人把它放在他們的手腕、下臂或上臂上，但有一些人把它放在他們的腳踝和前額上。這樣的互動結果，促使我考慮設計一個更具尺寸彈性的帶子，可以順應放在身上各種不同的位置。

圖 6-42
我用熱熔膠加固了
振動馬達

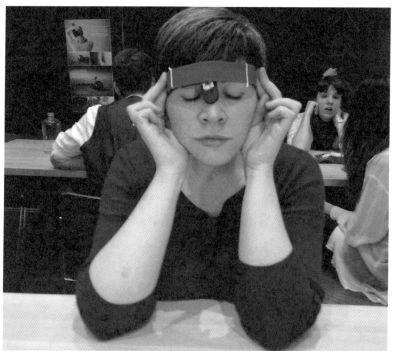

圖 6-43
使用者將原型放在令人驚訝的位置

基於有使用者回饋想要直接控制脈動速度，我在第四個原型中加
入了刻度表的輸入。此原型的目標是了解使用者如何控制脈動的
速度，以及脈動之間暫停的長度（圖 6-44）。我使用了 Arduino
Micro（一個更小、更強大的微控制器）和兩個電位器。我在臂帶
和振動馬達上加了長線，並將「控制面板」獨立出來。雖然跟最終
產品看起來不像，但用低保真視覺，我能夠更好地測試原型的互
動。我將這個原型給了幾個不同的使用者，讓他們在工作中使用此
原型，並讓他們自己控制脈動。

圖 6-44

這個原型讓使用者可自行變更脈動的速度；圖中分別為控制器的正面及背面

新增的控制面板打中了我的使用者的心。他們一直玩著刻度表，
調整到覺得速度完美，並提供了回饋希望能儲存他們喜歡的速度
模式，以便他們可以根據當下所進行的活動隨時找到該模式（圖
6-45）。於是我將這個回饋，結合到我正同步進行的 App 設計中。

這一輪測試的驚人見解，是每個人使用臂帶的時機非常不一樣。一
些例子包括冥想、瑜伽、跑步配速、作為靜音節拍器、以及作為腕
隧道治療的裝置。由於這些回饋，我擴大了我的使用案例範圍，包
括工作效率、運動、音樂和治療。

透過使用者測試我的原型，我發現了更廣泛的產品受眾，也了解到推廣它的新方法。市場擴大後，讓我了解該裝置的價值，以及有更大的行銷和銷售範圍。根據這些回饋，我開始測試產品將如何在各種不同的活動中使用。

圖 6-45
使用者非常喜歡自己控制和調整脈動模式

第五個原型則是針對運動使用案例的材料研究（圖 6-46）。我最初設計的臂帶是在辦公室或日常生活中穿戴的。將其重新定位為運動用途是一項有趣的挑戰。我對這個原型的目標是透過材料來測試美感和舒適度。我探索了一些不同類型的材料，包括矽和氯丁橡膠。兩者都易於清潔，並經常用於與皮膚接觸的應用上。由於舒適度和彈性，我選擇使用氯丁橡膠製作原型。它常用於整形外科護具上，因此我想用在我的臂帶上測試看看。

我將硬卡紙放在臂帶內側，以模擬最終電子產品的樣子。我選擇了細部顏色和縫紉用品如金屬環等。我把魔鬼氈縫在橡膠上，然後用橡膠黏著劑將上下兩層橡膠黏在一起。當你建構非功能性原型時，你必須盡可能用最完美的方式將它們組合在一起。最重要的是，如果你要測試美感，那麼它必須看起來是你想像中的最終產品。

圖 6-46
我嘗試使用氯丁橡膠作為運動使用案例的材料

我讓使用者在運動期間穿戴這個原型，並評價材料接觸皮膚時的舒適度。他們在跑步和做瑜伽時穿戴它，來測試運動使用案例的可行性（圖 6-47）。我得到的回饋是，手要穿過臂帶再反摺不太理想，而且它有點笨重。在下一次迭代中，我致力於採購更薄的零組件，並思考是否有替代方式可製作尺寸具彈性、舒適的臂帶。

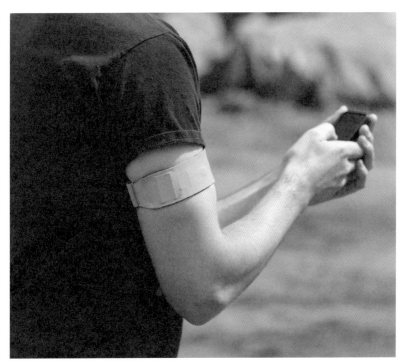

圖 6-47
使用者透過跑步和做瑜伽來測試原型的材料

第六個原型整合了前五個原型所得的見解，並搭配最終材料和性能
（圖 6-48）。我的目標是在較長時間和各種活動中，佩戴這個最終
原型並與之互動。我使用較小的零組件、可充電電池和藍牙微控制
器，以便可使用智慧型手機調整模式。

用這個原型，我自己和一些使用者進行了長期使用測試。我經常佩
戴這個原型出席研討會和演講，藉由臂帶的脈動引導，幫助我能慢
慢地講話，也提醒我在群眾演講時要記得呼吸。

圖 6-48
最終原型整合所有測試結果，成為一個功能完整的產品設計

我還在這個原型上持續學習，這個原型也讓我在與投資者和製造商眼中看起來更專業。我經常聽到我的受眾說他們想要竊取我的原型，這是一個很好的反應，因為這意味著他們會購買產品。我也成功地透過這些原型，作為會議和對話的焦點，與電子工程師和製造商對談。當你可以展示較大、業餘用的版本時，相對也較容易獲取生產用版本的零組件。

每一個原型都以其獨特的方式改進了產品，並在前代的基礎上持續建構，以用來驗證原本使用案例、創建新的使用案例、或使具完整功能及人體工學。如果沒有使用這樣迭代的、使用者中心的流程，我將無法從原本的草創想法，最終製作成這個最終原型。下一步要將此原型開發成產品，則需要進一步開發製造用規格，並與相關公司合作以獲取零組件和勞工，來進行產品的初次試作。

其他範例

各種智慧物件和物聯網產品的創造者,都使用了類似不斷進版的原型設計流程。一個例子是 Hammerhead 公司的智慧自行車導航產品（圖 6-49）。在決定產品的功能、形式和 app 設計之前,該團隊經歷了無數次迭代。你可以在圖中看到,他們從非常低保真的 LED 指示燈原型開始。能夠讓使用者理解 LED 燈指示的方向,是產品中最有價值的部分,也是他們最先關注的事。

圖 6-49
Hammerhead
公司的原型

建購好 LED 的排列後,他們開始進行外殼的設計（圖 6-50）。該團隊首先嘗試了一個方正外殼來覆蓋原型電路板,但很快地加上了磨砂塑膠玻璃來漫射 LED 燈光,使其更容易去看和理解。他們慢慢更新他們的硬體（使用不同類型的 LED 和微控制器）,並設計一個光滑、曲面的外殼。最終,他們客製自己的印刷電路板（PCB）,並根據產品規格製造了完美適配的外殼（圖 6-51）。

圖 6-50

Hammerhead 團隊創建了低保真外殼，在更多情境資訊下測試他們的想法

圖 6-51

在較低保真度進行測試後，Hammerhead 團隊創建了一個高保真電路板和外殼

另一個例子是 IDEO 公司在 Diego 醫療器材上，以創新、使用者中心的設計，這是一個用於耳鼻喉外科的動力組織切割手術器材。他們的設計團隊直接與外科醫生和工程師合作，了解現有工具、當前問題以及如何設計出可行的新產品。他們觀察外科醫生如何使用現有技術，從手術過程和現有工具中找到痛點。他們從對現有工具的背景調查中獲得的一些見解是：它的電線常糾結再一起、定期會有阻塞，且操作者在長時間使用後會感到疲勞。

在與六位外科醫生的工作會議期間，設計師根據外科醫生的回饋，從辦公室周邊找材料並將它們黏在一起成為實體原型（圖 6-52）。讓外科醫生能手握該低保真原型，分享他們對該器材人體工學的想法。該團隊的目標是創建一個易於操作和可長時間使用的舒適手把，而他們製作的這個原型讓他們能與外科醫生進一步詳細討論他們的想法。

圖 6-52
在與外科醫生合作的同時，設計師們用手邊可得材料共同創建了 Diego 醫療器材的原型（圖片由 IDEO 提供）

他們的最終產品取得了巨大成功（圖 6-53）。用此新產品可減少手術時間，相對亦減少患者需要接受的麻醉量。新的 Diego 裝置使公司營收變成原本的三倍，市佔增加了 16％ [1]。它大大改善了醫療程序，並使病患的恢復時間加快。低保真和中保真的原型設計，讓 IDEO 的設計師能夠與客戶進行溝通，並了解他們如何使用最終裝置。

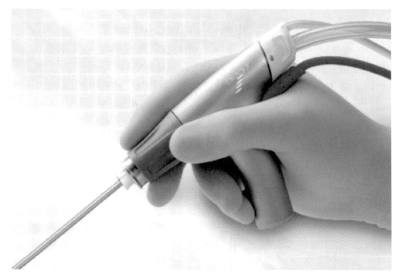

圖 6-53

最終的 Diego 醫材使公司營收變成原本的三倍，並增加了市佔（照片由 Olympus 提供）

迭代改善

每次迭代建構原型時，你需要加入一些新方式來改善，去製作更穩健的原型。

1　"Diego 動力切割系統，" 資料於 2016 年 1 月 10 日取得，*https://www.ideo.com/work/diego-powered-dissector-system.*

焊接

你應該加強的第一項技能是你的焊接技術。培養更好焊接技術的最佳方法，是不斷地反覆練習。當我自學焊接時，我看了很多 YouTube 影片，看最後接點應該看起來是怎樣的及如何做到，然後我在廢線上練習。透過加強練習，我現在能夠焊接很快，且接點具有一致性良好接合。

在開始之前你需要一些設備：烙鐵、焊錫和排氣扇是必需的，但你可能還需要一套焊接放大鏡輔助夾具、夾子和線材所需工具，像是剪線鉗、剝線器、和尖嘴鉗（圖 6-54）。

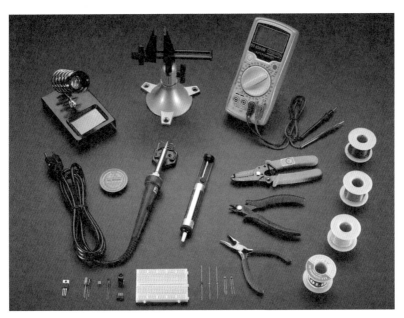

圖 6-54
焊接設備的準備（*https://www.adafruit.com/products/136*）

要開始焊接，請查看此操作說明（*http://bit.ly/2gPEbkK*）或觀看線上教學影片。透過看和做來學習，比單純透過閱讀來的容易。然後，嘗試焊接不同類型的線材（單芯線或絞線），並焊接在廢棄電路板、perfboard 或原型板（protoboard）上（原型板帶有鍍銅孔，

以在其上焊接電線和元件）。要讓銲錫在焊接點上呈現完美需要有一定的練習，因此在將最終組件焊接在一起之前，請購買額外的 perfboard 練習（圖 6-55）。

圖 6-55
需要點練習才能夠焊接又快品質又好

原型板

在麵包板上測試好電路之後，但在準備好印刷客製電路板之前，你可能希望為原型製作更耐用的電路。最好的方法是在原型板上焊接線路和元件。原型板有兩種：perfboard 和 stripboard（圖 6-56）。前者是網格狀的一個個獨立孔，每個孔都有自己的銅焊墊。後者則有連接到同個焊墊的多排孔，類似於麵包板的排列。你甚至可以購買看起來像麵包板的原型板，但是卻更薄、並讓你可焊接上線路。

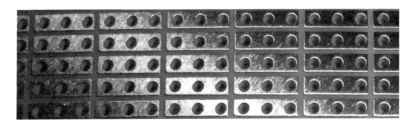

圖 6-56
兩種不同類型的原型板，分別是 perfboard 和 stripboard

在大多數情況下，我通常會裁下一塊可以容下我的電路的原型板，排列好線路（彎折以固定它們；見圖 6-57），並將所有東西焊接到背墊上。然後我可以將我的微控制器連接到此原型板；透過直接焊接（將接頭焊到原型板上，這樣我就可以插入或移除微控制器）、或焊接線路使其連接到分離的微控制器外殼上。

圖 6-57
將線路在原型板背面彎折，較容易焊接到適當位置

副本

一旦掌握了焊接電路的技巧後，我最後提供給你的另一個技巧則是要製作原型的多個副本，特別是相關人員「很努力」做特定測試時（圖 6-58）。我在使用者測試之前、期間和之後都有原型在我手上壞掉，狀況包括：線路斷開、焊點斷裂、或一些無法理解的錯誤且無法弄清楚原因。看到自己所有的努力因意外掉落，或只是純粹運氣不好而散開，這是令人沮喪和難過的。為了讓你高枕無憂，並為可能意外做好準備，請製作原型的第二或第三份副本作為備用。

圖 6-58
製作原型的多個副本很有幫助，以防在測試過程中唯一的原型壞掉

如果你的原型在測試中壞掉，你還能夠拿出備用品來繼續測試流程，不需要中斷未完成的測試。且原型副本的價值，遠遠超過建構它所需的額外時間，因為它不需要花費像第一個原型所需的時間來建構。最後，如果你的原型沒有壞掉，你可以讓兩個團隊同時進行測試，讓更多使用者測試並獲得進一步的回饋。

在某些情況下，可能在經濟上無法允許你製作副本（如果你有非常昂貴的組件，或者你處於非常緊迫的工作期限）。在這樣情況下，請額外確保你的焊點牢固，並考慮使用熱收縮管 / 管套或熱熔膠來加上額外的支撐和結構，以確保你的零組件不會在測試中途散開（圖 6-59）。

圖 6-59
為確保你的原型足夠牢固經得起測試，可透過使用熱收縮管／管套或熱熔膠來加強接點

高保真實體原型

高保真原型結合了你歷次迭代設計的實體產品構想。現在已是時候創建具有更高視覺、廣度、深度、互動和資料模型保真度的電子產品原型。之前，你可能專注於這些面向中的一個或兩個來測試你的具體假設。但現在你已經測試了這些假設並改進了產品，你可以開始製作一個涵蓋更多面向的完整原型。

客製電路板

你可以線上訂購你的原型或產品的客製印刷電路板（PCB）。客製電路板具有你所需的特定表面黏著電子元件的精確間距、焊墊和栓孔。這樣的客製電路板通常比普通的原型板小，且更加精美和

精緻。低價的線上電路板生產商，包括 OSH Park（*https://oshpark. com*），該公司同時營運 SparkFun（圖 6-60）。他提供的服務是在 12 天內將你的電路板客製 3 組副本寄送給你，以每平方英吋 5 美元的價格。這是非常棒的服務，可以讓你更好地控制你的設計和產品。

圖 6-60
你可以用合理價格從 OSH Park 訂購客製電路板

你可以使用 CADSoft EAGLE 軟體或其他相容的 CAD 軟體，來設計電路板。然而，如果你對此不感興趣，或無法承擔此類技術工作，你可以與相關技術人員合作以助你完成。在更高的保真度等級，與他人協同合作或尋求支持，對開發產品較複雜的技術面是有幫助的。有關高保真電子產品的詳細資訊，請參閱 Alan Cohen 的「*Prototype to Product: A Practical Guide for Getting to Market*」（暫譯：從原型到產品：上市實務指南，O'Reilly）。

另一種處理較小、個別元件的方法，是焊接到表面黏著板上（圖 6-61）。這種類型的電路板不需要栓孔，就可讓你在電路板表面焊接，這樣可以縮小整個電路板的尺寸。你可以使用細尖烙鐵頭，把微小元件焊接到焊墊上。這是一項需要大量練習才能掌握的高級技能。你可以外包此類工作給當地電子工程師，或在線上購買處理好的電路板。

圖 6-61
表面黏著板因沒有栓孔，面積可以更小並使用表面黏著元件

一旦你印刷並焊接了你的客製 PCB，你就可以進行開發產品的外觀和功能細節。

高保真原型的材料

高保真原型是試用和測試材料的好階段。材料包括外部接觸點和內部支撐材。除上述材料外，還要決定外觀造型規格，以及構成產品各個部分的材料。

在這個階段，你可以將電子元件放入 CNC 銑削或 3D 列印的外殼中，以充分反映你最終產品將採用的外觀樣式（圖 6-62）。可使用一些基礎的、免費的 3D 建模軟體，但也可與經驗豐富的工業設計師或 3D 建模師合作，創建出列印用檔案。如果你正與相關人員合作，畫出產品的外觀草稿，說明電子產品的最終尺寸和形狀，以便與你的合作者溝通。用投影法 / 三視圖（Orthographic drawings）來溝通完整的三度空間形式將很有幫助，因它可顯示正視、側視和俯視的形狀。你可以使用泡棉或紙板創建模型來研究產品外觀樣式，並作為溝通用的附加工具。

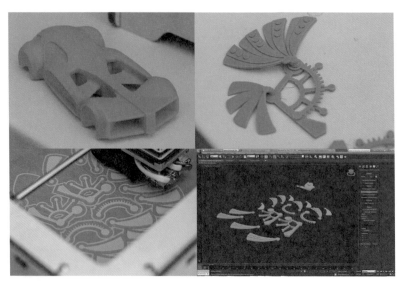

圖 6-62

你可以 3D 列印出產品外觀,以測試最終產品外形和人體工學

一旦取得 3D 列印或銑削的外殼形狀後,可繼續完成其表面處理。大多數 3D 模型由於它們是逐層列印,表面會有不規則羅紋。你可以將外部打磨成光滑表面,以用來溝通塑料射出成型或其他類型的製造手法。如果你想用其他的材料(如織物、皮革或木合板)覆蓋在外殼上,請確實把該異素材用上以反映最終產品的體驗。對於 CNC 銑削的外殼,你可能需要砂紙輕度打磨(如果是木材或中密度纖維板)或拋光(如果是金屬),然後表面再使用多層漆、塑膠浸漬或鞣製來完成。

你的材料試作原型可以是具功能性的,也可以是不具功能性的,取決於你現階段能運用的零組件尺寸。無論哪種方式,請確保在設定的環境中進行測試,並用於最終目的。例如,你正在為瑜伽案例製作智慧物件,請確保它在瑜珈教室進行測試,並對原型的材料和功能進行回饋。你可以向使用者展示材料試作成果,讓他們了解產品的外觀和感覺,然後讓他們與較大、較笨重的、具功能的電子原型(但想像外觀與材料試作版本一樣)進行互動。

精美簡報

高保真原型和材料試作，是向業務利益相關者和投資者說明產品構想的絕佳方式。這樣更精緻的作品將使你對自己的想法更具信心，也表明你已經深入思考過裝置的功能、外觀和運作。更顯示了你個人的高度投入與對這個想法的信心。當你使用高保真原型展示你的想法時，請記得說明你的使用者是誰，以及你產品欲解決的問題。投資者不僅對專案收益和淨收入感興趣；他們更是在尋找出眾、有差異化和有明確目標的產品。

在簡報中，從使用者的角度來講述原型的功能。設置一個場景，清楚地說明對使用者的獨特價值以及他們將如何與之互動。接著分享外觀精美的無功能原型，和可能較低保真的功能原型以展示整體的互動。這樣的簡報將有助於支持你的想法，並贏得你的客戶或利益相關者的支持。

生產製造

到你流程的這一階段或更早一點時，你需要了解製造以及如何將原型製作為最終產品。你需要了解關於如何大規模創建產品，以及最終原型如何以現有生產方法製造的一些重大要素。一個例子是射出成型的塑膠樣式不能有倒角和特定形狀，因為它必須要能從其兩件式模具中脫模彈出。你還將了解特定製造方法的成本與其結果之間的平衡。對於大規模生產的電子產品而言，手工雕刻的木質外殼可能在經濟上不可行。或者你可能會發現，對產品設計進行一點小改動會使組裝更容易，從而大大減少了工時和生產成本。

這主題對本書來說有點過於深入，但幸運的是已經有其他資源說明了這些。Will McLeod 的「*Mechanical Engineering for Hackers: A Guide to Designing, Prototyping, and Manufacturing Hardware*」（暫譯：駭客機構工程：設計、原型設計和硬體製造指南，O'Reilly），提供了如何創建硬體專案的整體性觀點；以及 Alan Cohen 的「*Prototype to Product: A Practical Guide for Getting to Market*」（暫譯：從原型到產品：上市實務指南，O'Reilly），對產品開發流程以及如何克服常見陷阱提供了很好的補充觀點。

錯誤排除

在你實體原型設計流程中的某個時間點（或者，如果你倉促進行原型設計時，這常發生），你的原型似乎壞掉或無法正常運作。當你建構一個實體原型時，有太多各種不同地方可能出錯，因此你在建構和排除錯誤時要徹底和仔細。

當你無法弄清楚原型出了什麼問題時，請使用這兩個清單作為錯誤排除指南。

首先，檢查你的實體零組件。問自己這些問題：

- 全部接點是否都有完全插入？檢查麵包板上的線路和焊點。

- 線路是否連到正確的接腳？再次檢查你的線路，確保一切都在應在的位置。

- 你的電池或電源是否供電？使用萬用表檢查瓦數，確保你沒有給它太多或太少的電力。

- 你的任何零組件是否過熱？輕輕觸摸它們即可知道。如果出現發熱問題，你可能需要加上散熱器。

- 你的原型是否有短路？短路意味著電路的某些部分，讓電流或電力以極小電阻下，在非預期的路徑中流動。它可能導致電路損壞、過熱甚至燒毀某些零組件。檢查線路是否接觸到那些不應該接觸的。

如果它仍然無法正常運作，請檢查並進行程式碼除錯。當你編譯程式碼並將其發送到 Arduino 時，它會指出程式碼是否存在問題。但還是可能有編譯器無法找到的程式碼問題。問自己這些問題：

- 有任何拼字錯誤嗎？檢查變數名稱和迴圈程式碼。

- 你是否混淆了程式碼格式？檢查分號和括號。編譯器應該把這些錯誤找出來，但是仔細檢查總是好的。

- 程式開頭是否呼叫了所有必需的函式庫？

- 你是否正確設置了所有變數？

程式碼中的一個微小變動就能破壞你的原型，因此請密切關注你做的任何事情。必須在整個開發過程中持續進行錯誤排除，可能會令人非常沮喪，但是當你繼續往下走，你會慢慢掌握檢查技巧，並建立更穩固、不會崩壞的原型。

優秀案例分析—Richard Clarkson

Richard Clarkson 是 Richard Clarkson 工作室的創始人兼資深設計師，他非常了解原型設計，並且每天都在生活中實踐它。他位於布魯克林的設計實驗室，透過嘗試新技術、及用創新方式使用傳統材料，定期創建客製的裝置和產品。

對他而言，原型是構想的推進、材料的運用並透過製作來探索新想法。他經常在腦海中想像產品構想，透過不斷改進原型，最後成為可被消費者購買的真實產品。開發過程前進的每一步都為構想帶來了新啟發，他發布的每個產品版本都是下一個未來將被進一步改善的原型。

他最成功的產品之一是雲朵燈（圖 6-63）。雲朵燈結合了照明、藍牙喇叭、透過 RGB LED 呈現聲音的視覺化、及與動作探測器互動。它達成令人印象深刻的一項成就，獲得 *Fast Company*、*Urbis* 和 *Wired* 等國際雜誌的好評和專欄報導。然而，這款產品一開始的版本並不完美，也沒有立即準備銷售和大量生產。相反地，它從最初版本透過一系列原型改進，花了 Richard 四年時間持續改善和演進。

圖 6-63

Richard 最著名的產品是雲朵燈（所有雲朵圖像均由 Richard Clarkson 提供）

這個想法的初始體現，源自 MFA 課程的作業，要去創作一個豪華夜燈（圖 6-64）。Richard 靈機一動想了一個點亮時蓬鬆又明亮的雲朵燈作為解決方案。為了深入研究他想法的程式碼，他使用 Arduino，並結合一些小的黃色 LED 和一點蓬鬆物作為基礎。這個原型讓他學習和撰寫他需要的程式，測試各種閃爍模式，並慢慢增加暴風雨聲等功能。

圖 6-64

第一個原型組合了數個零組件，讓 Richard 撰寫程式並快速測試他的想法

最終他把這個課程作業專案的第一個版本進行了改善，關注於如何讓外部適度蓬鬆，並加入程式和零組件使其具功能性（圖 6-65）。Richard 不僅製作了會亮的燈，還加上了藍牙喇叭和程式，讓燈光對串流音樂作出反應（圖 6-66）。由於有動作探測器的幫忙，他加上會在燈下方閃爍的雷暴模式。這個 1.1 版本是第一次嘗試將蓬鬆毛氈塑成雲的形狀和構造，使其具毛茸茸的外觀。雖然他對這個版本的美學表現並不完全滿意，但他最終讓這個版本告一段落，預計在未來再做出改進。他後來發佈了關於這個雲朵燈的部落格文章和影片，在社群媒體和設計部落格上引起了一陣旋風。

圖 6-65
他的下一步是在第一個智慧雲朵燈裡建構完整功能

他的雲朵燈 1.1 版本在獲得報導和讚賞後，Richard 被委託創建一系列雲朵燈，要安裝在紐約當地一家餐廳裡。為了創造一系列可在公共場合長時間保持完好的燈具，他決定重新審視並改進內部結構和蓬鬆樣態的設計和穩健性。他的第二個版本的目標是讓它能更容易和更快製作（到目前為止，他自己手工製作了每個雲朵燈）、整理程式碼使其更簡潔、並改善外觀的蓬鬆度。

圖 6-66
此版本加入了 RGB LED 與藍牙喇叭

他試驗了另一種內部結構,這次使用了大塊的泡棉,大致刻成雲狀,內部切割出一些孔來放置電子元件和喇叭(圖 6-67)。他還採購了更小、更好的零組件做成不同的雲,這些不同的雲有不一樣的燈光效果,在空間中創造出雷暴效果。在委託案結束之際,Richard 總共創建了八個具功能性雲朵燈和一些小的無照明功能的雲填充剩餘空間(圖 6-68)。

圖 6-67
Richard 進行了實驗,用新的泡棉內部結構放置電子元件,並能做出更好的蓬鬆效果

圖 6-68
最後的雲朵燈成品安裝在 Birdbath 餐廳裡

接著，Richard 預計要製作在紐約市創客嘉年華展出的下一個版本（或原型），創客嘉年華這個活動透過聚集熱情的 DIY 人士、技術專家和業餘愛好者，來慶祝創客運動。他決定花時間建立一個更好的內部結構，並升級喇叭系統。透過前兩個版本的試驗，他知道他需要在泡棉外採用更堅固的結構。這一次，他使用金屬網建構了大致的形狀，騰出更大空間給更大的電子裝置，但同時結構上仍然是牢固地（圖 6-69）。因為有額外的空間，他加上了有重低音的新喇叭讓音質更好。他還在微控制器上增加了一個遠端接收器，以便更好地控制燈光和功能。

圖 6-69
第三個版本具有堅固的金屬結構，用於固定新的喇叭系統

他建構了可遙控的原型，並在確定最終細節及建構外殼之前對其進行了測試。整個最終產品展示在黑暗角落，讓路過的人可欣賞其燈光秀（圖 6-70 和 6-71）。

圖 6-70
Richard 在 2013 年的創客嘉年華 Maker Faire 上展示了第三個版本

在這個階段，Richard 已將其原始設計逐步進化（它更容易製作、更結構化、使用更高品質的零組件，並加入更好的使用者介面），於是他決定將其商品化，並放上他的工作室網站。他希望把這個版本的製造流程流線化，努力讓他的設計更精緻，同時仍可維持材料和勞力的合理成本。他用第三個版本探索了更多金屬網結構的替代品，並決定創造一模具，可形塑一個像貝殼般的中空外部結構（圖6-72）。透過使用樣板使每個雲有完全相同的形狀，他和他的員工能夠更有效率地組裝雲朵燈。

圖 6-71
他手工製作了
遙控器以控制
雲朵燈效果

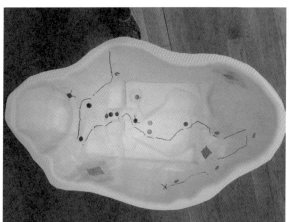

圖 6-72
Richard 使用中空
外殼樣板優化了手
工製作的雲，外殼
樣板上有 LED 和
喇叭輸出的特製孔
隙；電子元件亦可
完美地裝入該外殼

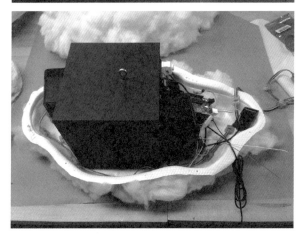

最終他學習到要使外部蓬鬆要採用一種專門的起毛技術，該技術使用了固化劑和阻燃劑來處理低過敏性聚酯纖維。這個手法可創造一個更持久的外觀，使蓬鬆毛絮不易脫落或變形（圖 6-73）。最終，Richard 找到了一個更好的 IR 遙控器來控制雲朵燈，這樣他的產品看起來和感覺起來更專業，而且他也不必長期手工製作自己的遙控器（圖 6-74）。

圖 6-73
最終商品化的雲朵燈和遙控器立即開始在其網站上銷售

圖 6-74
他創建了一個更加精美的遙控器

自從完成了這四種不同的雲朵燈演進，以及透過他的工作室銷售成功之後，Richard 擴展了他的產品線，加入了一些額外的雲版本。他仍然銷售智慧雲朵燈，但在銷量方面，它的小型版本 Tiny Cloud 已經取代了它。最近他發布了一款不帶喇叭的 RGB 版本，有四種尺寸；一款照明更簡化的雲朵外型版本，也有四種尺寸；以及多種尺寸和配置的架設系統（圖 6-75）。

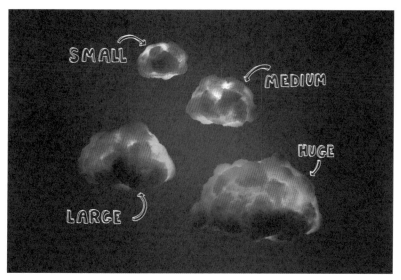

圖 6-75

Richard 現在在他的網站上出售各種雲朵燈

Richard 在雲產品線上的作品開創了與其他藝術家、音樂家、技術專家和餐館共同合作的機會，包括 Mythology、Two Hands、Take 31 和 Ursa Major。其中一次合作成果推出了「浮雲」，採用的是 Crealev 懸浮技術（圖 6-76）。他表示，合作過程非常順利，因為他已解決了所有雲的相關問題，而這次合作相當於將兩個產品組合在一起，就像將兩個零組件原型組合成最終產品。他創建的這個概念證明是將此潛在新產品進入市場的第一步，但需要花更多的努力來製作更輕的基座及找到更好的電池技術。

圖 6-76
浮雲的概念驗證目前正製作成完整產品

Richard 對 Cloud 中各種零組件的探索，最後使他發明了新的電子應用方法，即便沒有應用在 Cloud 這個產品上。一個新應用的想法是 Sabre，一個音樂和聲音視覺化燈具（圖 6-77）。透過改變 Cloud 的視覺化程式碼，Richard 更進一步透過長而垂直燈管上的線型動畫，來準確地表示聲音。

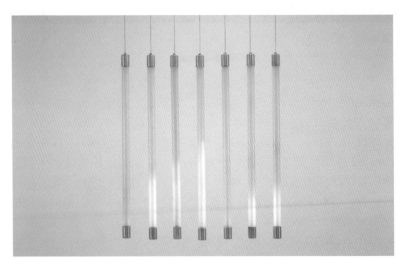

圖 6-77
相對於早期的雲，Sabre 更進一步地將聲音視覺化

總體而言，在讓雲朵燈實現的過程中，Richard 將每個版本都視為一個機會，在結構上、電子上和外表的蓬鬆美感上，去嘗試新的方式。他將每個版本皆視為一個原型，即使有人視這些原型為產品願意購買。在產品還未完全開發好之前，他即找到了想要參與並成為開發過程一員的合作夥伴和委託案，能讓他的作品面向世界。他還根據客戶的反應創建了更加多樣化的產品線，也投入許多精力在這些變動上。他將試驗和樂趣結合到日常工作中，以創造新的創新產品和原型（圖 6-78）。

圖 6-78
Richard 在他的工作室

重點整理

實體產品的原型設計有一些獨特的地方，包括材料選擇、觸感、電子學和功能的程式碼。你可以從為產品創建使用者流程和電路圖開始準備。然後，可以購買所需的電子零組件來創建第一個原型。

從麵包板開始，建構你想法的低保真原型，以測試電子零組件功能。使用 Arduino Uno 和麵包板來插入和創建電路非常簡單。你將需要為你所使用的微控制器撰寫程式，可使用虛擬碼來幫助你開始，並了解要撰寫什麼樣的程式碼。你可以參考附錄中的資源，查找可用於你專案的教學和程式碼。

一旦你開始建構電路，你可以先建構單獨零組件的測試。由一個一個零組件建構出原型，你可以確定它可具功能性且程式碼是可運作的。透過個別測試零組件，可以更容易地將它們組合在一起，並限縮之後要進行錯誤排除的麻煩。

中保真和高保真實體原型建立在你的初始電路測試之上。每次迭代，你的設計都會更精美更具功能。在迭代過程，保真度等級可以增加五個面向中的任何一個：視覺、廣度、深度、互動和資料模型。當你開始製作高保真原型時，你可測試材料並考慮如何製造。尋找可以幫你創建或 3D 列印外觀樣式的專家共同合作。你也可以找他人協助創建客製印刷電路板和生產所需文件。

藉由本章的指導和資源，你應該有能力嘗試為你的產品構想動手製作電子原型！

[7]

與使用者一起測試原型

在你創建了第一個或數個原型後，在測試原型前你需要做一些設置準備。與使用者一起測試的流程，先是找到越接近你理想使用者的測試對象（且不是你自己），讓他們與你的原型互動，以測試特定的假設或從你的發想中去發現任何痛點、問題或困擾。直接觀察使用者與你的原型互動，將為你提供除了「任務已完成？」之外的豐富資訊。你可以親自面對面觀察測試者的沮喪、喜悅和困惑的微表情（microexpression），並詢問為何會有那種感受。如果你是進行遠端測試，則可以聆聽是否有任何猶豫，並盡量獲取你正測試問題或假設的見解。現場和遠端測試都提供定量和定性的資料，讓你可以審視該體驗的直覺使用和情緒反應。

測試的規劃

要成功進行使用者測試的第一步是創建一個調查計畫，其中包括：你想要測試的假設、調查目標、釐清測試對象是誰的幾個基本問題、以及為了測試假設所要詢問的問題或所要使用者完成的任務。此文件可以是正式的，包括與測試相關的利害關係人清單和業務目標；也可以是非正式的，作為在測試期間提醒你的一個指引。有關較正式的版本，請查看 Usability.gov 的樣板（*http://bit. ly/2gPHWGK*）。正式版本對於高可見性專案、具有嚴格保密協議（NDA）的專案、或其他機構（如處理 HIPAA（保護健康資訊的機密性和安全性）合規性的醫療保健專案）非常有用。由於我工作的組織不太嚴格，大多數情況下我採用不太正式的方法來測試原型。我會寫下目標和問題，通常已足以成功進行測試。

假設與目標

你可能已經知道你正在測試的假設，因為你設計的原型直接地闡明了這些你所關切的事。如果你不知道要測試哪些假設，請先確切寫出你希望使用者與原型或產品互動的方式，並指出使用者為了解和使用你產品所做的最重要的任務。回顧一下你的使用者流程，看看快樂路徑的分岔點。如果你在開發後期，你的假設將是更具體的互動和模式。

排列這些假設的優先順序，決定哪些是你解決方案的核心，或者必須是真的可以解決問題的解決方案。一旦確定了要測試的假設，請寫下研究計畫的目標。如果我正在製作一個冥想 app，而我的假設是「使用者能夠在漢堡選單中找到其他的冥想」，那麼此案例的目標則為「確定使用者是否可以發現並選擇新的冥想」。

問題

你應該向使用者詢問兩類問題：建立型問題和回饋型問題。透過建立型問題，你可以了解此使用者的具體資訊，像是工作背景，並找出可能影響測試的任何隱藏性的偏誤。以下一些範例是你可能要收集的資訊：

- 姓名
- 職務描述
- 工作團隊資訊（若為工作使用的軟體）
- 家庭生活（若為生活型態相關的產品）
- 哪些是你會定期使用的軟體 /app/ 智慧物件？
- 你最近用過最喜歡的軟體 /app/ 智慧物件是什麼？為什麼？
- 當你想到〔該產品目標〕你認為最重要的是？

建立型問題將有助於讓使用者與你輕鬆交談，使其進入狀況。這是打破僵局並讓他們願意分享自己背景和興趣的好方法。為了讓大家放輕鬆，有時我會加上一些有趣的問題。像是最喜歡的電影或電視節目。或者他們去過最喜歡的地方。我不會特別去運用這些答覆，但這是讓談話流暢的好方法。

回饋型問題則是訪談的關鍵，為了完成你的調查目標應該將它們寫下來。當你為使用者調查寫下這些問題時，你應遵循一些指導原則。這些問題的目的是讓你的使用者與你的原型互動（不管是開放式或封閉式），並說出他們在做什麼、他們期望什麼、以及他們遇到了什麼問題。

開放式訪談較具探索性，讓使用者自由與產品互動並摸索。你可以透過說「你已到訪此頁面（或拿到此實體產品），希望對它了解更多或如何使用它」來提示他們。然後讓使用者以他們認為適當的方式與產品互動。這種類型的訪談非常適合對整體體驗的回饋，並了解使用者如何直覺地運用產品的新樣式。這種類型的訪談需要較高廣度保真原型，以便使用者可以嘗試各種不同的功能。

封閉式訪談是一種較具引導性的方法，當你需要使用者針對特定目標，去完成較複雜任務或互動時，這種方法可讓使用者聚焦在你所要的方向上。在整個訪談期間，你將提示使用者執行特定任務，告訴他們何時要完成任務並啟動下一個任務。你可能需要較高深度保真度，以便你的使用者可以深入某一個功能，而不是到處探索許多功能。若要回顧有關保真度的各個面向，請查閱第三章。

編寫調查問題的最大原則，是創建開放式、非引導性的問題，這些問題不會產生「是」或「否」的答案。如表 7-1 所示，你應該以開放式方式去建構問題，以保持對話（和見解）的持續。

表 7-1　詢問非導引性的開放式問題

不要問這些問題	改問這些問題
你會想用這個產品嗎？	你可能會怎麼將產品融入你的日常生活？
你喜歡「A」這個功能嗎？	觀察他們如何使用某功能；並詢問「你期待會發生什麼」？
你喜歡這個產品嗎？	你對這個產品的印象如何？
這個產品中你最喜歡哪個部分？	體驗後，你最喜歡的兩個地方和最不喜歡的兩個地方分別是什麼？

要能建構出好的問題需要一點練習。有關這領域的更多資訊，請查看 Erika Hall 的「*Just Enough Research*」一書。書中她敘述了所謂的好問題，都是簡單、具體、可回答、且實際的。一旦你寫下你的問題後，用客觀角度審視它們，確定它們是否有偏誤、具引導性或偏離主題。請細細琢磨你的問題。如果沒有適當建構好這些問題，你的使用者將無法給你良好的回饋。

請你的同事幫忙審視你的問題，以找出你再怎樣也看不出的其他隱藏性偏誤。記得不要去詢問是 / 否的問題；不要詢問使用者如何解決問題；也不要詢問使用者他們會為了解決方案支付多少費用。上述這些例子相當於要求你的使用者做你應該做的工作！盡量不要遺漏太多資訊，並讓使用者透過他們的行動告訴你他們想要什麼，而不僅是口述。使用者所做的事情，通常與他們說要做或將要做的事情不同。留意他們如何瀏覽、操作或點擊原型的不同部分。

你越能讓使用者開放談論你的軟體或實體產品的體驗，你就越有可能從他們所說的內容中找到有用見解和智慧。我自己的經驗中，最多有用見解的對話，通常發生在「測試」完成之後，而正與使用者討論對整個體驗的看法時。所以直到你離開房間前，要持續記錄你們的對話。

任務

任務是另一種引導調查的方式，讓你可以測試你的特定假設，而不是讓使用者隨機瀏覽你的產品。給使用者的任務目標，應該與調查目標一致，然後查看使用者是否採用假定的路徑去完成它。以冥想app 為例，給使用者的一個任務是「登入服務並選擇不同的冥想來聆聽」。它不會直接告訴使用者如何完成任務，而只告訴他們應該完成的任務是什麼。不要洩露太多資訊！ 你會想知道你的使用者的操作是否符合你的假設。

調查計畫範例

以下是冥想 app 的調查計畫範例：

目標和假設

確定使用者是否可以發現並選擇新的冥想

假設他們將在選單中找到冥想目錄，並且可以根據提供的資訊選擇一個

使用者資料

初學或中級冥想經驗

過去一週至少冥想過一次

建立型問題

姓名

職業

冥想在你的生活中扮演什麼樣的角色？

你多久冥想一次？

你目前使用的冥想 app 或產品是什麼？

你是如何選擇那些 app 或產品的？

任務

你是此冥想 app 的再訪使用者，你希望找到符合你當前情緒的新冥想。請選擇一個新的冥想。

一旦你已「聽完」某冥想，你想稍後再回頭使用它。你會如何完成這件事？

既然你已經完成了，你對這次體驗最喜歡的兩件事是什麼，你最不喜歡它的兩件事是什麼？

調查的進行

有了調查計畫後，你就可以展開調查了。現在我將介紹一些最佳案例，包括如何尋找使用者以及如何進行測試的訪談。

尋找使用者

你需要做的第一件事是找到要測試的使用者。尋找人選來測試原型感覺很困難，但我有一些技巧可以讓它變得更容易。

最容易找到的使用者是你的朋友和家人，看看是否其中有人與你的使用者人物誌相符。先對他們進行測試以完成一些初步調查，對你是有幫助的，但請記住，由於你與親友關係的本質，他們可能不會提供你所需嚴格的、建設性的回饋。讓他們作初始測試，以確保你的測試設置適當。但不要盡信他們的回饋，看看其他非親友使用者是否也有相同見解。最好讓朋友測試需要更概念性回饋的低保真原型，而不是看起來太完整的高保真原型。

我發現要找到特定使用者的最佳方式，是尋找理想使用者會參加的聚會，與聚會組織者聯繫，看看你是否可以參加下一次活動。以我們的冥想 app 來看，要找到並參加一場冥想聚會並不難，在其聚會結束後，請向與會者詢問他們是否有興趣幫助你完成專案。你會很驚訝有很多人喜歡在新產品問世前嘗試新產品，也非常願意提供回饋來幫助你。透過這樣的行動，我收集了感興趣人們的電子郵件，並為每個人安排了單獨的測試訪談。

如果你的使用者是在共享工作空間（企業家、新創、開發人員等）工作的類型，你可以進行攔截訪談。我會擺出一張桌子說明意圖，詢問是否有志願者有意願報名參與測試訪談，及其可參與的時段。通常一盤餅乾就可以吸引人們到桌前，再加上一段簡短的對話就會引起了他們的興趣來報名（圖 7-1）。

然後我會在指定的時間於較隱蔽的空間進行訪談。這種類型的訪談我有時會提供一些謝禮（如下）。

圖 7-1
你可以在共享工作空間進行招募，提供一些招待吸引潛在使用者以獲得他們的幫助

尋找使用者的其他方法，是在 Craigslist 或 Facebook 上放廣告，甚或是找一個空間放置原型以讓人們與他們互動（這最適合戶外智慧物件）。使用這些公開方法尋找使用者時請務必小心。確保你在公共場所進行調查訪談，並且不要獨自前往。

你可以付費讓顧問幫你招募特定人物誌的受試者，以進行面對面或遠端測試。這些招募公司通常很昂貴，而且通常只有在你無法直接訪問高度專業使用者（例如腫瘤科醫生）時才值得。請與你的公司

確認是否有預算聘請招募者，或者他們是否可以為你的調查作業提供一位。

一些公司讓使用者定期進入他們的辦公室，為不同的團隊測試新的原型。Etsy 每週有一個固定時段邀請了賣家或買家，公司內部各自的產品團隊可以報名與這些使用者一起測試。設計人員可能無法太早知道他們要測試什麼，但若是知道能定期接觸到使用者，能使他們知道他們在有需要時，可在一週內進行測試。

你可以付費給你的調查參與者以補償他們所花費的時間，特別是如果你的使用者人物誌是一些高端人士，像是行銷分析師或律師，他們的時間非常寶貴。這種做法的正式說法是**謝禮**（*honorarium*），指的是由於其「付出時間提供志願者所能或傳統上不要求費用的服務」而給予的一筆費用[1]。有一些具體法律規定謝禮的稅金等，所以如果你決定向參與調查者付費，應該對法律面做一些額外研究。對於高端人士，顧問公司或招募人員將管理謝禮的支付。對於其他類型的使用者，我建議提供亞馬遜或當地咖啡店的禮物卡，降低交易感受且以表達感謝為主。

最後，你可以使用 UserTesting.com 等線上使用者測試網站來進行遠端測試（圖 7-2）。這樣的測試可以由你主持也可以不用。對於非你主持的測試，使用者執行任務時，他們的螢幕畫面和聲音會被記錄下來，以便你可以準確地看到和聽到他們嘗試完成任務的方式，以及他們在執行任務時的想法。使用遠端測試網站的一個好處是，你可以指定你受試者的確切類型，並且與原型互動的人員範圍較廣。缺點是你不太能控制測試的品質，特別是如果測試非你主持的情況下，且你可能無法從個別使用者的反應中，再更深入詢問他們的見解。

1　Wikipedia, "Honorarium," *https://en.wikipedia.org/wiki/Honorarium*.

圖 7-2

UserTesting.com 讓你可以進行人員範圍較廣的測試，且無需面對面參與

進行訪談

若要讓調查訪談能成功，在開始之前需收集一些必要資料。你
將需要準備你公司的 NDA 或同意書讓使用者簽署，像是這個從
Usability.gov 找到的同意書（*http://bit.ly/2gQP0mR*）；你也需要準
備好原型；記錄的方式（至少要能錄音），最好將對話錄影或錄下
螢幕畫面；理想情況下，有第二個人能在你提問題和任務時做筆
記（圖 7-3）。錄下螢幕畫面的一種簡單方法是使用 Quicktime 或
lookback.io。我盡量不會讓空間裡除了使用者外有兩個以上的工作
人員。如果工作人員太多，使用者可能會有壓迫感，以至於讓他們
無法勇敢說出心中見解。但是有兩個人是非常有幫助的：一個是提
問和追問問題，另一個是根據使用者的回答做記錄。

圖 7-3
收集必要準備事項，讓測試順利

每一場使用者測試的訪談時間至少安排 30-60 分鐘，以便有足夠的時間讓使用者完成任務，並能與他們討論其他深入問題和對產品的期望。

在訪談的一開始，讓你的使用者知道你想從他們身上獲得什麼：告訴他們沒有正確或錯誤的答案，並且你希望從使用者那裡獲得真實、誠實的回饋，以便改進產品。有時你會遇到一些使用者將回饋說的很好聽，此時你必須挖掘他們所說的真正意涵，才能發覺其中有價值的見解。在訪談的一開始先介紹使用者測試流程，你將能確保使用者專心參與並提供有用的回饋。

在訪談開始時，請受測者同意讓你紀錄訪談過程，並確保從一開頭到結尾都有記錄。讓你的使用者在測試過程放聲思考，這樣你就可以聽到他們的期望以及他們對內容的初始反應。如果你的使用者在測試之前從未經歷過放聲思考，請讓他們假想在知名網站（如 Amazon.com）上購買 DVD 進行測試，並要求他們在過程中放聲思考。這樣的活動應該能讓他們知道放聲思考的意義，而你不會錯過任何見解。如果在測試期間你注意到受測者沉默了一陣子，記得提醒他們要放聲思考，並詢問他們在那一刻想到了什麼。

請特別留意微表情，尤其是使用者看起來很困惑、興奮、沮喪甚至驚慌的一瞬（圖 7-4）。如果你錄影時有錄製使用者的臉部，你將能夠分析他們的表情發生變化的當下，他們正在做什麼。或者你可以深入探討那些反應，詢問他們當時所看到或所想到的東西。你可以問他們在那一刻期待會發生什麼，以及這與他們所體驗的有哪裡不同。你自己做筆記，或讓你的隊友做筆記，稍後回顧錄影時，記錄下這些使用者喜歡或不喜歡的備註筆記，以及他們在此過程中覺得困惑的地方。

圖 7-4

微表情可以指出對產品或體驗的細微反應

我常遇到的一個常見問題是，使用者專注為他們看到的問題提供解決方案，而不是專注於任務本身。這種類型的使用者可能會為了解決設計缺陷而脫離原本任務；嘗試透過一些口頭提醒讓他們重新回到任務上。像是「接下來你會做什麼，以達到你的目標？」是用來推動他們的一個好方法。

在測試期間觀察你自己的肢體語言和口頭提示，盡量不要過多地提供指示，關於對使用者是否做了正確或不正確的事情（圖 7-5）。在測試中，沒有正確或不正確的答案，只有反應。注意你自己可能會不小心說出一些引導性的言語，告訴使用者完成任務的方法有正

確或錯誤。在測試期間，你的目標是中立地觀察使用者互動，並保留任何判斷或問題解決直到結果整合後。

圖 7-5
某些肢體語言隱含著完成該任務有正確和錯誤的方式

每個原型最好進行至少四到八次的使用者測試，若是針對非常多樣化受眾或多個人物誌，則最好進行更多次使用者測試，以便找到大多數使用者會發生的固定模式。如果看不出特別的模式，請進行額外的測試，或者重新制定部分調查計畫，以確保你詢問的問題是正確且提出的任務是適當的（圖 7-6）。

圖 7-6

每位使用者進行至少四到八次測試，觀察其如何與原型互動、在哪個地方會
不知如何繼續操作，以及他們何時感到沮喪

測試結果的彙整

訪談結束後，最好是在一天之內，你就可以整理好筆記和紀錄使可
從中找到見解。請記住，如果有使用者偏離了你預設的快樂路徑或
者在原型上遇到問題，這可是件好事！你在產品出貨前，即發現了
使用者在成品上可能會遇到的問題。找到產品可以改進的地方，是
原型設計和測試的主要目標；這意味著原型是有價值的。

從把你的筆記整理好開始，並將任何可能的回饋寫入單張便利貼或
清單中。在你完成全部訪談之後，你將有大量的便利貼，此時請查
看所有便利貼並開始將類似的想法分組（圖 7-7）。這些分類將告
訴你原型中可以改進的部分，以及下一步應該迭代的地方。讓你的
團隊成員跟你一起進行分類；可能會沒有明顯的類別，但你將能從
中看到一些清楚的方向，如何去解決使用者遇到的問題。

圖 7-7
將所有觀察的結果進行分類，以確定主要見解

寫出每個類別的見解。一些見解範例包括：每個使用者對行動呼籲用字的解讀都不同、使用者無法找到特定功能、選擇初始設定很簡單又快（見解也有好的！）。見解應指明問題區域或成功區域，但還不用提出解決方案（圖 7-8）。基於見解，為這些問題思考各種不同的解決方案。探索替代的使用者流程或導覽模式。在按鈕 / 按鍵設計上，思考不同的措辭用語或視覺設計。運用這些，來創建出產品和互動應改善方向的建議。依優先順序，考慮應在下一輪原型設計中實現哪些見解和建議，並測試該更新。

文件化你的設計決策，記錄下每個見解背後的使用者說法和軼事，以及建議的優先順序。在此原型設計流程階段，最好將這些測試結果的發現讓你的整個團隊知道，包括產品經理、開發團隊和業務相關人員。知道調查的結果對團隊中各領域人員都會有幫助，他們越了解測試結果的見解和建議，當你想要往某個方向前進時，你將越有可能獲得大家一致的同意。

The top navigation gives clear indication of what future actions are. 👍

BUT

The order of operations is confusing and throws mental model off. 💬

*"Like the idea of the breadcrumb and steps -
beginning and end goal"*   *"Then it should be Train first, then test, then use."*

Recommendation

- Replace `use` with `Try Out`
- Consider rearranging the order of operations

圖 7-8

你可以展示見解，作為改善的機會

此測試流程將幫助你改善產品、將這些改善與你的利益相關者溝通，並讓你的設計保持以使用者為核心。你可以將這樣的試驗，規劃作為每週或每兩週衝刺週期或長期工作流程的一部分（有關敏捷工作流程的更多說明，請參閱第一章中的補充說明）。

重點整理

與使用者一起測試原型，有助於你了解現在的構想哪些可行、哪些不可行。這是一種最好的方法，可以知道理想使用者與產品互動後的具體回饋。你需要創建一個調查計畫作為訪談的基礎，並仔細制定要讓使用者在測試期間所回答的問題和所要進行的任務。

在調查期間，確保現場有第二個人做筆記，記錄訪談現場，並讓使用者能暢所欲言其想法。最平凡無奇的反應，也有可能會帶來最有見地的改善，因此請留意微表情和有趣的使用方式或導覽。在你進行了足夠的測試後，彙整你的所得以發現可改善你產品的見解。在動手設計下一個原型之前，使用這些見解來創建改善建議，並將其與你的團隊溝通，此時你已在逐步改善的正循環上！

[8]

整合—
SXSW 藝術節案例分析

本案例研究展示了一個體驗，其整合了實體和數位互動的原型設計。IBM 行動創新實驗室（MIL）探索新興技術如何與 IBM 的企業雲、物聯網和開發平台相結合。他們樂於接受挑戰並啟動創新專案，去推動整個業務部門和公司向前發展，並且通常是第一個嘗試在企業中應用新技術的團隊。

於 2016 年 SXSW 藝術節，MIL 想挑戰為與會者創造一個令人興奮的體驗，其可展示實驗室的設計能力和機器學習技能（圖 8-1）。團隊設計預設其使用者大多來自外地；他們第一次來到德州首府奧斯汀市；在科技公司或新創公司工作或是設計界的一員；並有興趣體驗真正的奧斯汀市。

設計開發團隊知道他們想要融合實體和數位，為使用者創造一個全方位的體驗，且他們要處理大量人群和嘈雜環境的限制。他們只有五週的時間來設計、建構和測試整個體驗，因此他們必須快速行動並直接進入製作階段。

圖 8-1
MIL 透過以使用者中心、迭代的流程，於 SXSW 藝術節創建了互動式體驗

起初，他們希望創造一種體驗，使用者可以根據其興趣，了解奧斯汀及參觀哪些鄰近區域或觀光景點。該團隊將重點放在大會的交通面向，以及它如何將來自世界各地的人們帶往奧斯汀。在評估時間表及考量五週內可完成的工作後，考慮到還要去調查使用者的興趣，他們調整了範圍，決定讓人們體驗奧斯汀手工啤酒場景將會是理想的。他們希望根據使用者的口味和喜好，將其與當地啤酒配對。

調查研究

要建立這體驗的第一步，是盡可能去收集使用者和啤酒口味的數據資料，以便團隊可以將食物、飲品和季節性偏好，與啤酒類型連結起來。使用者研究團隊 Aide Gutierrez-Gonzalez 和 Becca Shuman 創建了一項調查，並進行了面對面訪談和卡片分類，收集了約 430 份回覆，以此做為啤酒口味偏好的實況（圖 8-2）。**實況資料**（*Ground truth*）是用來訓練機器學習演算法的基礎資訊。這些資料的品質直接影響演算法輸出的品質。該團隊根據調查，建立了一個推薦引擎，可透過機器學習技術隨著時間而改善，以提供出準確的結果。該團隊亦接觸相關企業得到一些附加調查和支援。

Whichcraft 是一家擁有大量啤酒選擇和專家店員的當地啤酒店，提供了關於他們如何推薦新啤酒給顧客的準則。

圖 8-2
Aide Gutierrez-Gonzalez 和 Becca Shuman 對使用者進行了卡片分類活動

使用者流程

基於最初的調查，該團隊創建了一個使用者流程圖，用來溝通體驗中的各個接觸點（圖 8-3）。使用者首先回答關於食物偏好的一系列問題，由侍酒師將其輸入到 iPad 介面中。基於這些答案，推薦引擎演算後會推薦三種不同的啤酒，再由侍酒師倒這些啤酒給使用者。使用者盲飲這三種啤酒後，從最喜歡的到最不喜歡的將它們排列在桌子上。當他們品嚐啤酒時，每種啤酒匿名資訊顯示在大型顯示螢幕上，其由特定啤酒杯觸動。當使用者選擇他們喜歡的啤酒後，螢幕才會顯示其選擇的啤酒名稱以及該啤酒的其他資訊。使用者的偏好選項之後將儲存到引擎的資料庫中，以改進其對未來使用者的建議。

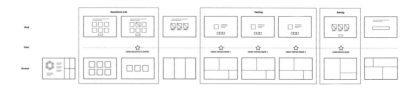

圖 8-3

團隊創建了一個使用者流程，來說明和定義整個體驗的範圍

實體面

開發團隊研究了不同的實體介面和技術，他們需要讓杯子和啤酒類型能被視覺識別，以創造無縫體驗。團隊希望以實體桌子和啤酒杯為使用者的主要互動對象，而不是讓使用者觸碰螢幕。拿起杯子品嚐是很自然的動作，因此團隊希望杯子的排列，成為使用者最終排名系統的一部分。

該團隊首先評估 RFID 感測器和標籤，看看他們是否能夠無需使用者做特定動作，即獲得必要的杯子資訊（圖 8-4）。快速測試後，他們發現 RFID 感測器的接收區域太小，需要使用者放置在很精確的位置上，這並不理想。

圖 8-4

一開始使用 RFID 感測器探索，以觸發特定輸出

接下來，他們嘗試使用相機來進行視覺識別。該團隊對杯底進行了顏色編碼，並將它們放在透明壓克力桌面上（圖 8-5）。經過測試後，他們意識到他們需要比不同顏色更容易辨析的方式，於是他們嘗試了 QR code。QR code 和相機識別的結合運作良好，於是他們接著測試使用者如何排序和評價他們喜歡的啤酒（圖 8-6）。

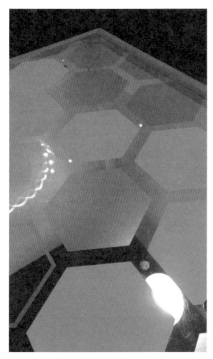

圖 8-5
杯子的桌面測試

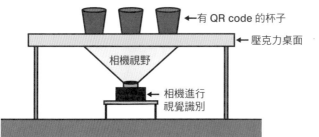

圖 8-6
視覺識別設置圖

數位面

在這階段，團隊在開發和調查方面，已取得堅實的實況和互動面。因此，設計師開始創建侍酒師的數位介面，和資料視覺化與獨特啤酒資訊的顯示畫面。他們首先創建了侍酒師的平板 app，它會顯示一系列問題，讓侍酒師輸入使用者的選擇（圖 8-7）。因為這是一個簡單的調查，設計師直接跳到中保真線框，並建構可點擊原型來進行測試。它必須易於閱讀且反應快速，以保持體驗順暢，上述這些是他們進行測試的關鍵部分。

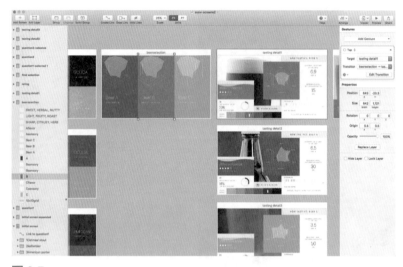

圖 8-7
設計人員創建侍酒師使用介面的線框圖

關於資料視覺化的畫面顯示，設計人員意識到介面需要包含動畫和轉場，以創建無縫的、身臨其境（沉浸式）的體驗。他們設計了從初始測驗到品嚐不知名啤酒之間，資料如何顯示和流動。當知道做動畫需要花費相當多開發時間後，團隊很快地從 Illustrator 中的靜態線框圖，轉成使用 Sketch 和 Flinto 做成動態原型，來測試和調整他們的設計（圖 8-8 和 8-9）。

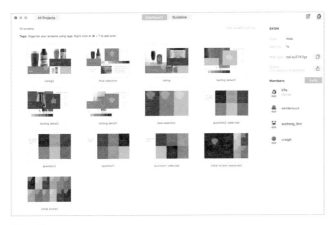

圖 8-8

設計人員在 Sketch 和 Flinto 中創建了資料視覺化

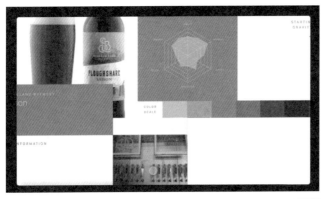

圖 8-9

他們用搭載 Apple TV 的大型電視來測試動畫

設計團隊進行螢幕設計的主要原型設計和溝通流程，是先在 Sketch 中繪製中 - 高保真線框圖，再使用 Flinto 創建原型與動態研究。他們將檔案用 Zeplin 匯出（Zeplin 是一個可自動創建出樣式指南和設計紅線的外掛），讓開發人員可以取得執行工作所需的所有資訊。

體驗的最後一個部分是評分系統，也是團隊額外進行原型和測試的主要部分（圖 8-10）。關於如何評分三個不知名啤酒，每個團隊成員各有自己的心智模型並不一致。他們卡在找尋最佳啤酒評分的方法上。使用笑臉符號、心形或星型好？或者他們是否應該創建一個更複雜的矩陣，以便他們可以收集更精確的資料點來改善其機器學習模型？決定介面的最佳方法，是讓使用者進行各種不同變化的測試。

圖 8-10
團隊創建了許多不同的啤酒評分方法，第一個嘗試的方法是矩陣

他們進行了 A / B 測試，讓使用者分別使用星型和心型做了兩次排列，一次一種（圖 8-11）。為了平衡調查結果，他們有在測試中改變圖型出現的順序。

圖 8-11

使用者研究團隊對其評分系統進行了 A / B 測試

根據調查結果，在這兩個選項中星型評分系統較為直覺。這是使用者評分啤酒的最佳方式，儘管仍需要放在適當區域讓相機可看到 QRcode。隨著評分系統、物件識別技術、侍酒師介面和動畫視覺化的到位，團隊已準備好整合測試整體體驗。

數位與實體原型的整合

團隊知道實體環境將提供調查和評分互動的情景資訊，因此他們搭建了一個吧台、大型電視顯示器和壓克力桌面讓使用者一起測試（圖 8-12）。他們用 CNC 銑削的合板包覆了電視支架，並花費數小時將顯示器和桌子打磨、油漆和表面處理。關於評分系統和杯子放置區，他們列印或畫出了壓克力桌面設計的紙本。透過使用紙本，他們可以根據測試結果快速更改設計或轉向。他們也用紙本進行了評分系統的 A / B 測試。於開發後期，他們將紙本改成了高保真的防水乙烯貼紙，以確保清晰。

圖 8-12
團隊為了互動和顯示創建出完整的環境

該團隊為侍酒師寫了一個腳本並演練其中細節,像是在不同體驗部分的轉場,和設置環境使能輕鬆倒出三種品嚐啤酒(圖 8-13)。這個演練確實在體驗的順利執行上得到了好結果(圖 8-14)。

圖 8-13
測試和設計成果成功地在最終設置中體現

圖 8-14
體驗執行地很順利且結果很好

最終體驗

最終的品酒體驗在 SXSW 大會上大受歡迎（圖 8-15）。該團隊完成了 167 場個人品酒場次，倒了超過 500 杯的啤酒供品嚐。助手 Gutierrez-Gonzalez 說，設計流程中最成功的部分，是設計、開發和調查協同合作的非常好，以測試和完成專案。密切的合作使他們能夠迅速取得令人印象深刻的成果。他們能夠確保體驗是好的，不僅面對設計師或開發者而已，尤其對一般人們來說是愉快的體驗。

圖 8-15

最終的品酒體驗大成功；長長排隊人龍等著嘗試體驗

重點整理

由於在 SXSW 藝術節的成功，MIL 團隊正致力於在零售業開發這樣體驗的新應用。他們正進一步開發三種不同規模的應用：可在會議和聚會上展示的行李箱版本、可用於大會和研討會的快閃商店版本、以及在商店中為使用者提供各種購買建議的長駐式互動式多媒體機台版本（圖 8-16）。這整個體驗實際上就是是智慧貨架概念的原型，可以無縫地融入購物環境，但為使用者提供個人化建議。

該團隊成功測試了他們的假設，並採用了回饋來改善他們的品酒體驗。將實體與數位分開但同步克服改善，使團隊涉及了更廣並能夠測試更多假設。這項測試讓他們產出了一個穩健的沉浸式體驗，只區區花了五週工時。

圖 8-16
團隊已將原本概念擴展到不同的規模和使用案例

MIL 的成功說明了原型設計和測試概念的團隊文化,有助於創建真正解決使用者需求的沉浸式產品和體驗,使團隊間密切合作(包括開發人員、產品所有者和設計人員),且因有真實、有根據的測試成果,使設計決策一致。

[9]

結論

現在我們已經到了本書的尾聲，你應該有受到啟發並有能力為你的作品創建原型。在工作和生活的各個領域上，你正渴望去原型設計和測試你的想法。你將開始看到自己用低保真原型測試想法，並從中學習和改善它們。你可能會注意到自己會將作品的設計需求，挑戰重新解構為以使用者為核心。你將思考的會是「我怎麼幫我的使用者製作出最直覺的資料報告介面？」而不是「我需要這個 widget 來匯出資料報告」。你甚至可能開始在家裡改造製作有趣的電子專案，像是自動燈光顏色變換器、或者當有人按門鈴時它就發出推特。

圖 9-1
每一天都是一個原型，可讓你在明天進行改善，由 Patrick Chew 設計和列印

希望你已經學到了很多東西，現在覺得有能力為你所想建立原型。你現在對於什麼需要原型設計，及原型設計的流程有了堅實的基礎理解。你可以選擇想學的軟體，並將這些新知識應用於構築和定義你所建構的原型上。

如果你還沒有嘗試過，請去拿一疊便利貼並花幾分鐘，以紙上原型方式繪製一個新的 app 構想或裝置介面。或者為你正在考慮建構的新智慧物件，寫出使用者流程。讓這本書激勵你採取行動，並讓你腦海中的想法可被看見。當我們發明出可解決真實使用者問題的新產品時，我們正在改善這個世界。想一想如何為更美好的世界做出貢獻，並動手做！

[附錄 A]

資源和連結

教學和學習資源

- Adafruit（*https://learn.adafruit.com*）

- AngularJS（*angularjs.org*）

- Arduino official tutorials（*http://bit.ly/2gNp7Ek*）

- Basic electronics Instructable（*http://bit.ly/2gQYdvm*）

- Bento Front End tracks（*https://bento.io/tracks*）提供一系列免費網頁開發教學，從線上精選出影片和教學資源連結的最佳資源

- Bootstrap（*getbootstrap.com*）

- Codeacademy（*https://www.codecademy.com*）有許多程式課程，提供一對一指導、程式碼、與畫面顯示，你可以及時學習和查看你所寫程式的內容

- Codepen（*http://codepen.io*）免費 HTML、CSS、JavaScript 的沙盒（*sandbox*）環境，有展示視窗，以及一個包含大量開放原始碼和動畫的社群，你可從中擷取應用

- Electronics learning series from SparkFun（*http://bit.ly/2gPGuo4*）

- Fritzing（*http://fritzing.org/home/*）

- Instructables（*http://www.instructables.com*）

- Lynda（*https://www.lynda.com*）付費訂閱豐富教學影片庫，不只有程式課程，還包含設計和商業課程

- Makezine：（*http://makezine.com*）

- Soldering tutorial（*http://bit.ly/2gPEbkK*）

- Sparkfun（*http://learn.sparkfun.com/tutorials*）

- Treehouse（*https://teamtreehouse.com*）付費訂閱超過 1000 個影片、小測驗和程式碼挑戰

- Usability.gov（*http://www.usability.gov*）

- Usability.gov's consent form（*http://bit.ly/2gQP0mR*）

- Usability.gov's research template（*http://bit.ly/2gPHWGK*）

- UserTesting.com for remote user testing（*usertesting.com*）

材料來源

- Adafruit（*https://www.adafruit.com*）

- AliExpress（*http://bit.ly/2gPCd3K*）

- All Electronics（*http://www.allelectronics.com*）

- Arduino Pro Mini（*https://www.sparkfun.com/products/11114*）

- Arduino Starter Kit（*http://bit.ly/2gPzQOI*）

- Bluetooth starter kit（*https://www.adafruit.com/products/3026*）

- Full soldering setup（*http://www.adafruit.com/products/136*）

- Jameco（*http://www.jameco.com*）

- LightBlue Bean（*Bluetooth microcontroller*）（*http://bit.ly/2hMhWg8*）

- littleBits（*http://littlebits.cc*）

- OSH Park PCBs（*https://oshpark.com*）

- Makershed（*http://www.makershed.com*）

- Motor kit（*https://www.adafruit.com/products/171*）

- Particle WiFi and cellular microcontrollers（*https://www.particle.io*）

- Rainbow pack of LEDs（*http://bit.ly/2gPEBrr*）

- Robot kit（*https://www.adafruit.com/products/749*）

- Sensor pack（*https://www.adafruit.com/products/176*）

- SparkFun（*https://www.sparkfun.com*）

- Trinket（*https://www.adafruit.com/products/1500*）

- WiFi starter kit（*https://www.adafruit.com/products/2680*）

推薦書籍和文章

- *12 Best Practices for UX in Agile*（*https://articles.uie.com/best_practices/ and https://articles.uie.com/best_practices_part2/*）

- *Arduino Cookbook* by Michael Margolis（O'Reilly）

- *Arduino in a Nutshell*（O'Reilly）

- Contrast Ratio Tool from Lea Verou（*http://leaverou.github.io/contrast-ratio/*）

- *Designing for Touch* by Josh Clark（A Book Apart）

- *Designing for Performance* by Lara Hogan（O'Reilly）

- *Designing Interface Animation* by Val Head（Rosenfeld Media）

- "Doing UX in an Agile World"（*https://www.nngroup.com/articles/doing-ux-agile-world/*）

- Email notifier project（*http://bit.ly/2gPEpsd*）

- *How to Make Sense of Any Mess* by Abby Covert（*Createspace Independent Publishing*）

- *Information Architecture for the World Wide Web* by Peter Morville and Louise Rosenfeld

- *Just Enough Research* by Erika Hall（A Book Apart）

- *Gamestorming* by Dave Gray, Sunni Brown, and James Macanufo（O'Reilly）

- Intro to Sass（*http://bit.ly/2gPxKyf*）

- Keynote animations Smashing Mag（*http://bit.ly/2gPCF1W*）

- *Lean Business Canvas*（LeanStack）

- *Lean Startup* series（O'Reilly）

- *Make*：*Electronics* by Charles Platt（Maker Media）

- *Making It*：*Manufacturing Techniques for Product Design* by Chris Lefteri（Central Saint Martins College）

- *Materials and Design* by Mike Ashby and Kara Johnson（Elsevier）

- *Materials for Design* by Chris Lefteri（Laurence King Publishing）

- *Mechanical Engineering for Hackers* by Will McLeod（O'Reilly）

- *Mobile First* by Luke Wroblewski（A Book Apart）

- "Persona Empathy Mapping" by Cooper（*http://bit.ly/2gPAT14*）

- *Programming Arduino*：*Getting Started with Sketches* by Simon Monk（McGraw-Hill）

- *Prototype to Product*：*A Practical Guide for Getting to Market* by Alan Cohen（O'Reilly）

- *Prototyping tools* by Emily Schwartzman and Cooper（*https://www.cooper.com/prototyping-tools*）

- *Responsive Web Design* by Ethan Marcotte（O'Reilly）

- RGB LED code library（*http://bit.ly/2gPDsA8*）

- *Running Lean* by Ash Maurya（O'Reilly）

- UX for the Masses, "A step by step guide to scenario mapping"（*http://bit.ly/2gPEMmB*）

- *UX Strategy* by Jaime Levy（O'Reilly）

- Walkthrough of an Arduino sketch file（*http://bit.ly/2gPE7l2*）

- Web Accessibility Toolkit（*http://bit.ly/2gPEhZu*）

圖片引用

- Figure P-1："Rachel Kalmar's datapunk quantified self sensor array 2," （*http://bit.ly/2hi5ruv*）by Doctorow（*http://bit.ly/2hiik7X*）is licensed under CC BY 2.0（*https://creativecommons.org/licenses/by-sa/2.0/*）.

- Figure P-2："JavaScript UI widgets library"（*http://bit.ly/2hicBPy*）, by Kelluvuus is licensed under CC BY 4.0（*https://creativecommons.org/licenses/by-sa/4.0/deed.en*）.

- Figure 1-2："F * R * I * E * N * D * S ~ Central Perk Café"（*http://bit.ly/2hidgAr*）by prayitnophotography（*https://www.flickr.com/photos/prayitnophotography/*）is licensed under CC BY 2.0（*https://creativecommons.org/licenses/by/2.0/*）.

- Figure 1-4："IMG_8871 - 2013-0518"（*http://bit.ly/2himQDs*）by eager（*https://www.flickr.com/photos/eager/*）is licensed under CC BY 2.0（*https://creativecommons.org/licenses/by/2.0/*）.

- • Figure 1-5："OXO Good Grips Swivel Peeler"（*https://www.oxo.com/swivel-peeler-241*）by Oxo.

- Figure 1-6："Aston Martin Shoe Sketch"（*http://bit.ly/2hil1WT*）by Kirby（*http://bit.ly/2higELM*）is licensed under CC BY 2.0（*https://creativecommons.org/licenses/by-nd/2.0/*）.

- Figure 1-9："App sketching"（*http://bit.ly/2hi9AhU*）by Johan Larsson（*https://www.flickr.com/photos/johanl/*）is licensed under CC BY 2.0（*https://creativecommons.org/licenses/by/2.0/*）.

- Figure 1-12："Ray und Charles Eames：Beinschiene, Modell S2-1790. 1941"（*http://bit.ly/2hidR59*）by René Spitz is licensed under CC BY-ND 2.0（*https://creativecommons.org/licenses/by-nd/2.0/*）and

- "LCW（Lounge Chair D22：E22）"（*http://bit.ly/2hspK8O*）by Hiart is licensed under public domain.

- Figure 2-5："Business Model Canvas"（*http://bit.ly/2higX9o*）by Business Model Alchemist is licensed under CC BY 1.0（*https://creativecommons.org/licenses/by-sa/1.0/deed.en*）.

- Figure 3-2："Essai circuit préAmp（TDA2003）1：1048576（*http://bit.ly/2hsrK0J*）by Dileck（*http://bit.ly/2hseXey*）is licensed under CC BY-SA 2.0（*https://creativecommons.org/licenses/by-sa/2.0/*）.

- Figure 3-9："Let me show you Mah Ponk…"（*http://bit.ly/2hsi8CW*）by svofski（*https://www.flickr.com/photos/svofski/*）is licensed under CC BY 2.0（*https://creativecommons.org/licenses/by/2.0/*）.

- Figure 4-5："Setting up your Nest"（*http://bit.ly/2hi6H0H*）by Android Central.

- Figure 4-15："Bodystorming"（*http://bit.ly/2hi8IKh*）by Unsworn Industries is licensed under CC BY-SA 2.0（*https://creativecommons.org/licenses/by-sa/2.0/*）.

- Figure 4-29：Etsy shop "Fell From Corvidia"（*https://www.etsy.com/shop/fellfromcorvidia*）.

- Figure 5-7："Mobile First"（*http://bit.ly/2hia33E*）by Brad Frost.

- Figure 5-9："Android Fragmentation Visualized"（*http://bit.ly/2hignrS*）.

- Figure 5-11："paper-prototype"（*http://bit.ly/2hihnfY*）by Rob Enslin is licensed under CC BY 2.0（*https://creativecommons.org/licenses/by/2.0/*）.

- Figure 5-14："Types of colorblindness"（*http://bit.ly/2gQYfTW*）.

- Figure 5-26："Projects Paper-based Prototyping and Functional Testing Part"（*http://bit.ly/2hik94N*）by Samuel Mann is licensed under CC BY 2.0（*https://creativecommons.org/licenses/by/2.0/*）.

- Figure 5-29："b.ook - wireframes"（*http://bit.ly/2hiaJGg*）by andreas.trianta is licensed under CC BY 2.0（*https://creativecommons.org/licenses/by/2.0/*）.

- Figure 5-31："Wireframing Template Sketch resource"（*http://bit.ly/2hiopBk*）is licensed under CC BY（*https://creativecommons.org/licenses/by/2.0/*）.

- Figure 5-32："Move Mobile UI kit"（*http://bit.ly/2hilgRI*）by Kurbatov Volodymyr（*https://gumroad.com/coob*）.

- Figure 5-35："eDidaktikum"（*http://bit.ly/2hioFjM*）by Priit Tammets is licensed under CC BY 2.0（*https://creativecommons.org/licenses/by/2.0/*）.

- Figure 5-46："The Sass syntax"（*http://bit.ly/2hif10A*）by smashingbuzz.

- Figure 5-61："Cedar Point sky-view"（*http://bit.ly/2hicl2Y*）by David Fulmer is licensed under CC BY 2.0（*https://creativecommons.org/licenses/by/2.0/*）.

- Figure 5-62："beacons by jnxyz.education"（*http://bit.ly/2hipB7x*）by Jona Nalder is licensed under CC BY 2.0（*https://creativecommons.org/licenses/by/2.0/*）.

- Figure 6-4："_WRK3525"（*http://bit.ly/2hsp3MJ*）by Intel Free Press（*https://www.flickr.com/photos/intelfreepress/*）is licensed under CC BY-SA 2.0（*https://creativecommons.org/licenses/by-sa/2.0/*）.

- Figure 6-7："Arduino Uno"（*http://bit.ly/2hiqvB6*）by Dllu is licensed under CC BY-SA 4.0（*https://creativecommons.org/licenses/by-sa/4.0/deed.en*）.

- Figure 6-9："Wearable technology for the wrist"（*http://bit.ly/2hikpAw*）by Intel Free Press is licensed under CC BY-SA 2.0（*https://creativecommons.org/licenses/by-sa/2.0/*）.

- Figure 6-10："Misfit Shine"（*http://bit.ly/2hinXTD*）.

- Figure 6-13："Examples of momentary switches"（*http://bit.ly/2hilyIG*）by Jimbo at SparkFun.

- Figure 6-20："Protoboard Unitec"（*http://bit.ly/2hijO1Y*）by Victoria. nunez2 is licensed under CC BY-SA 4.0（*https://creativecommons.org/licenses/by-sa/4.0/deed.en*）.

- Figure 6-52：Rough Prototype by IDEO（*https://labs.ideo.com/about/*）.

- Figure 6-53：Olympus PK diego Powered Debrider System（*http:// bit. ly/2hsmpXh*）.

- Figure 6-55："Solderedjoint"（*http://bit.ly/2hieLym*）by MJN123 is licensed under CC BY 3.0（*https://creativecommons.org/licenses/ by/3.0/*）.

- Figure 6-56："Lochplatinen"（*http://bit.ly/2hiplp0*）by PeterFrankfurt is licensed under public domain and "PCB"（*http://bit.ly/2hskEt3*）by MichaelFrey is licensed CC BY-SA 2.0 DE（*https://creativecommons.org/ licenses/by-sa/2.0/de/deed.en*）.

- Figure 6-60："MINIFIGURE ATMEL SAMD21 BOARD"（*http://bit. ly/2hJcl97*）by Benjamin Shockley.

- Figure 6-61："Soldering a 0805"（*http://bit.ly/2hipEQN*）by Aisart is licensed under CC BY-SA 3.0（*https://creativecommons.org/licenses/by-sa/3.0/deed.en*）.

- Figure 6-62："3D printing at home"（*http://bit.ly/2hitsS3*）by La Tarte au Citron is licensed under CC BY-ND 2.0（*https://creativecommons.org/ licenses/by-nd/2.0/*）.

- Figure 7-4："7 universal facial expressions of emotions"（*http://bit. ly/2hiiqfF*）by Icerko Lydia is licensed under CC BY 3.0（*https:// creativecommons.org/licenses/by/3.0/deed.en*）.

術語表

Adafruit（*https://www.adafruit.com*）

　　一家銷售各種電子專案零件和套組的電子公司

親和圖（*Affinity mapping*）

　　基於自然關係或類似主題，對資料進行分組的一種組織資料的
　　方法

敏捷（*Agile*）

　　持續交付、規劃、整合和團隊合作的專案管理方法論

As-is scenario

　　一個旅程地圖，一步步說明使用者在每個步驟下的產品體驗，
　　並描述使用者在過程中，每個步驟所做的動作、思考和感受

假設（*Assumption*）

　　雖然沒有證據，但相信某件事物是對的或某種事情會發生的信
　　念或感覺

信標（*Beacons*）

　　小型的藍牙感測器，可在智慧型手機靠近時，向其發送相關資
　　訊或指示

Bodystorming

　　一種以表演的構思過程，讓你的團隊去角色扮演特定的使用者
　　和情境，以了解該使用者，目前如何處理他們的問題，以及他
　　們如何與你的新想法進行互動和反應

Code framework

一個分層目錄，壓縮共享資源，例如動態共享庫、nib 檔、圖片檔、當地語系化字串、標頭檔和參考文件，在單個封包中（一些例子包括 Bootstrap、AngularJS 或 Foundation）

脈絡訪查（*Contextual inquiry*）

一種調查方法，研究人員觀察使用者在自己的環境中進行一般活動，並追問為何使用者用特定方式完成任務

同理心地圖（*Empathy map*）

一種工具，透過去探索使用者的想法、感受、動作和口說，讓團隊獲得同理心並更深入地了解使用者

保真度（*Fidelity*）

在視覺、廣度、深度、互動性和資料模型方面，原型或體驗與最終產品的接近程度

Fritzing（*http://fritzing.org/home/*）

一開源工具，用於數位設計、開發和測試電路或 PCB

實況（*Ground truth*）

用於訓練機器學習演算法的基礎資訊

漢堡選單（*Hamburger menu*）

由三條平行水平線組成的按鈕，通常隱藏頁面選單或導覽選項

謝禮（*Honorarium*）

給予花時間作志願工作或服務的人的一筆付款，通常不是必要的

資訊架構（*Information architecture*（*IA*））

一個共享資訊環境的結構化設計、標籤和組織，像是軟體和網站

攔截訪談（*Intercept interview*）

　　使用者在進行自己的業務時，所被攔截進行的一種簡短的現場訪談

精實商業圖／畫布（*Lean Business Canvas*）

　　一改進式的商業模式圖（Business Model Canvas），透過了解你的產品及欲銷售的市場來建立商業模式

littleBits（*http://littlebits.cc*）

　　一家電子公司，銷售為所有年齡段的孩子設計、易於使用的磁性零件

亂數假文（*Lorem ipsum*）

　　在真實內容可用之前，暫時填充內容用的文字，通常用於螢幕畫面設計排版

創客嘉年華（*Maker Faire*）

　　聚集熱情的 DIY 人士、技術人員和業餘愛好者，來慶祝創客運動的嘉年華

心智模型（*Mental model*）

　　在現實世界中，個人思考事物如何運作的流程

微表情（*Microexpression*）

　　基於所經歷的情緒，展現在人臉上的短暫、不自覺的面部表情

最小可行產品（*Minimum viable product*（*MVP*））

　　一個具有足夠功能的產品，可以提供給市場、去測試和去收集驗證過的回饋，使能繼續開發

最小可行原型（*Minimum viable prototype*）

　　一種通用的原型設計方法，使用最少的努力來測試特定的假設或實現一個想法

萬用表（*Multimeter*）

一種測量數值範圍內的電流、電壓和電阻的儀器

痛點（*Pain point*）

使用者體驗既有或新產品後，所反映的確實問題，或所感知到的問題

模式資料庫（*Pattern Library*）

一使用者介面設計模式的集成，由 Sketch 或 Illustrator 等軟體的視覺設計元件，和開發人員的程式元件組成

PCB

印刷電路板，已將客制的特定零件和電路嵌入或蝕刻到板子表面

Perfboard

一種薄而堅硬的板子，對帶有預鑽孔和銅墊，用於電子電路原型設計，以便於將元件焊接到電路上

效能（*Performance*）

使用者載入時，網頁下載和顯示的速度

人物誌（*Persona*）

基於研究和觀察的，特定類型使用者的摘要，用於溝通並使團隊在整個設計過程中，將目標專注於特定使用者

產品路線圖／藍圖（*Product roadmap*）

一種一致性工具，用於描述產品在特定時段內的成長情況，包括未來可能要新增導入的功能

產品策略（*Product strategy*）

新產品的願景、目標和啟始計畫，以激勵團隊與產品的方向保持一致

概念證明（*Proof of concept*（*POC*））

一種產品概念或理論的展示，旨在確定可行性和市場影響

原型板（*Protoboard*）

一原型電路板的通用說法，讓你可以用更穩健的方式焊接電路；兩種最常見的類型是 perfboard 和 stipboard

原型（*Prototype*）

將概念用某形式呈現，使能將想法傳達給他人或能讓使用者一起測試，旨在隨著時間的逐漸改善其概念

紅線標註（*Redlines*）

一種溝通工具，在設計產出中增加的註釋，以定義尺寸、顏色和互動性，以便開發人員可以輕鬆實現該設計

回顧（*Retrospective*）

在敏捷衝刺之後舉行的一次會議，透過已完成工作，確認那些進展順利、以及未來衝刺可以改進的部分

路線圖／藍圖（*Roadmap*）

一文件以分段、重點排列的區塊，描述了特定產品未來六個月到一年的工作

電路概要圖（*Schematic*）

使用抽像圖形符號來表示電子電路圖，而不是用實際圖像

範圍（*Scope*）

某事物涉及或與之相關的領域或主題

短路（*Short circuit*）

一種電路，電流在非預期的路徑上傳導且電阻極小的狀態，這通常會導致零件燒毀或產生意外問題

SparkFun（*https://www.sparkfun.com*）

一家銷售電子元件和套組的線上零售店

衝刺（*Sprint*）

在敏捷開發中，衝刺是指一種在特定時間框架下，計畫去達到特定結果所需要的努力；它可以是一周到一個月，但常見的週期是兩週

站立（*Stand-up*）

在敏捷開發中，每日舉行的進度會議，在會議中每個團隊成員要說明前一天完成的工作，以及他們當天預計要作業的項目

固定導覽列（*Sticky navigation*（*also persistent navigation*））

一保持固定在瀏覽器頂部的導覽列，即使使用者捲動頁面仍可讀取

Stripboard

一個帶有平行同方向銅條的原型板，便於焊接電路

使用者流程（*User flow*）

使用者完成任務或目標的產品操作路徑

使用者中心設計（*User-centered design*（*UCD*））

從使用者如何理解和使用產品的角度，去設計產品的過程，而不是要求使用者調整他們的態度和行為去學習如何使用系統

線框（*Wireframe*）

指數位產品的框架或頁面排版，可依據線框的目標，以低保真度或高保真度原型創建出來

Z-index

一種 CSS 屬性，在呈現數位產品的內容時，指出物件的分層順序

[索引]

關於作者

Kathryn McElroy 是 IBM 行動創新實驗室（位於德州奧斯汀市）的設計師。她是一名曾獲獎的設計師也是攝影師，並且對未來科技、人工智慧、智慧物件及開源硬體和軟體充滿熱情。她曾在 *Make: Magazine*、*Fast Company*、*Timeout New York* 及 *Make: The Best of, Volume 2* 和 *MakingSimple Robots* 等書中，發表關於她的專案教程和文章。Kathryn 經常談論設計思想、原型設計和使用者體驗設計，且她熱衷於教導人們：動手開始製作電子產品有多麼容易。

出版記事

Prototyping for Designers 封面上的動物是澳洲紫水雞（*Porphyrio melanotus*），在毛利語中被稱為「pukeko」。這種鳥被發現在澳洲大陸、印尼、東印度群島以及巴布亞紐幾內亞。

生活在紐西蘭的紫水雞通常體型比在澳洲大陸的大。

紫水雞在起飛和著陸時不太靈活，且應對威脅的方式通常是用走的而不是用飛的。牠們一般是以 3-12 隻群體生活，因會大聲尖叫以保衛自己的巢穴免受澳洲掠食者的襲擊而聞名，如果不能成功地阻止掠食者，牠們可能會完全放棄巢穴。

由於其臉、喙和腿部呈紅色，因此在許多島嶼文化中都受到崇敬，例如於紐西蘭的毛利人和於薩摩亞群島，在這些地區紅色代表著崇高和力量。牠也出現在毛利人的神話和隱喻中：若一個人被認為是 pukeko，代表其人固執而煩人，像在菜園搜刮甘藷和芋頭的紫水雞一樣。

在紐西蘭，紫水雞為原生野禽受到保護，且只有在獲得許可的情況下才能獵補。然而，牠們並不是一種好食物；其肉質堅韌。

O'Reilly 封面上的許多動物都是瀕危的；所有這些動物對整個世界都很重要。要知道更多關於你能如何提供幫助的更多資訊，請至 *animals.oreilly.com*。

封面圖片來自 Meyers Kleines Lexicon 的黑白版畫。

原型設計｜善用原型設計和使用者測試創造成功產品

作　　　者：Kathryn McElroy
譯　　　者：王薔君
企劃編輯：蔡彤孟
文字編輯：詹祐甯
設計裝幀：陶相騰
發 行 人：廖文良

發 行 所：碁峰資訊股份有限公司
地　　　址：台北市南港區三重路 66 號 7 樓之 6
電　　　話：(02)2788-2408
傳　　　真：(02)8192-4433
網　　　站：www.gotop.com.tw
書　　　號：A611
版　　　次：2020 年 03 月初版
建議售價：NT$580

國家圖書館出版品預行編目資料

原型設計：善用原型設計和使用者測試創造成功產品
/ Kathryn McElroy 原著；王薔君譯. -- 初版. -- 臺
北市：碁峰資訊, 2020.03
　　面；　公分
譯自：Prototyping for Designers
ISBN 978-986-502-436-9(平裝)
1.電腦輔助設計　2.電腦輔助製造
440.029　　　　　　　　　　　　　　109001814

讀者服務

● 感謝您購買碁峰圖書，如果您
　對本書的內容或表達上有不清
　楚的地方或其他建議，請至碁
　峰網站：「聯絡我們」\「圖書問
　題」留下您所購買之書籍及問
　題。(請註明購買書籍之書號及
　書名，以及問題頁數，以便能
　儘快為您處理)
　http://www.gotop.com.tw

● 售後服務僅限書籍本身內容，
　若是軟、硬體問題，請您直接
　與軟體廠商聯絡。

● 若於購買書籍後發現有破損、
　缺頁、裝訂錯誤之問題，請直
　接將書寄回更換，並註明您的
　姓名、連絡電話及地址，將有
　專人與您連絡補寄商品。